环境管理与政策丛书

环境保护投融资
方法与实践

常杪 田欣 / 著

中国环境出版社·北京

图书在版编目（CIP）数据

环境保护投融资方法与实践/常杪，田欣著. —北京：
中国环境出版社，2014.7
（环境管理与政策丛书）
ISBN 978-7-5111-2028-1

Ⅰ．①环…　Ⅱ．①常…　②田…　Ⅲ．①环境保
护—投资—研究—中国②环境保护—融资—研究—中
国　Ⅳ．①X196

中国版本图书馆 CIP 数据核字（2014）第 171196 号

出 版 人　王新程
责任编辑　葛　莉
责任校对　尹　芳
封面设计　宋　瑞

出版发行　中国环境出版社
　　　　　（100062　北京市东城区广渠门内大街 16 号）
　　　　　网　　　址：http://www.cesp.com.cn
　　　　　电子邮箱：bjgl@cesp.com.cn
　　　　　联系电话：010-67112765（编辑管理部）
　　　　　　　　　　010-67113412（教材图书出版中心）
　　　　　发行热线：010-67125803，010-67113405（传真）
印　　刷　北京中科印刷有限公司
经　　销　各地新华书店
版　　次　2014 年 9 月第 1 版
印　　次　2014 年 9 月第 1 次印刷
开　　本　787×1092　1/16
印　　张　9
字　　数　214 千字
定　　价　33.00 元

前　言

随着我国经济的持续高速发展，以及工业化和城市化进程的加快，我国在环境领域面临着前所未有的挑战。发达国家在上百年中分阶段出现的环境问题在中国同时出现，给环境问题的解决带来巨大的压力。尤其是近年来，水污染事件的频频暴发、河流湖泊等水环境退化、雾霾、土壤污染、气候变化等环境热点问题的不断出现，更引发了公众对环境问题的持续广泛关注，也推动中国政府将环境问题的解决提升到了一个前所未有的高度。

环境问题的解决需要环境科学与工程技术的支持，同时也需要健全的环境管理制度、完善的政策保障，以及充足的资金投入。其中，环境科学与工程提供认知环境问题的理论；工程技术手段和环境标准是解决环境问题的基础；环境规划、环境管理、环境政策法规等能够推动各级政府、企业等事权主体采取环保措施，是解决环境问题的基本保障；另外一个重要的元素——资金，则是最终让科学技术、管理制度和政策法规发挥作用的前提，是落实各项环境治理工程建设、运营与维护、开展环境技术与产品研发、实施环境监管等行政及日常管理的根本保障。

资金投入问题一直是困扰世界各国开展环保工作的一个重要难题。特别是发展中国家，既面临着经济发展过程中经济实力的制约，也面临着优先投资基础设施建设带来的环保投资滞后等问题。中国作为一个发展中国家，不仅存在这两个问题，还面临着复合型环境问题的挑战，这使得中国对环保资金的需求量巨大且集中，如何筹措资金以及高效使用资金等问题也进一步凸显。在这种情况下，只有掌握环境保护投融资相关理论知识与实践经验才能提出解决环境治理资金短缺问题的有效方法和途径。

环境保护投融资，简而言之就是如何筹措资金并使用资金以解决具体的环境问题并实现既定的环保目标。环境保护投融资是一个交叉的研究领域，通过综合运用自然科学、工程科学和社会科学方法，研究解决环境问题过程中涉及的融资与投资问题。环境保护投融资具有很强的实践性，受国家政治经济体制、经济发展阶段、环境保护政策和财税制度的影响，因此各个国家投融资机制与效果也有较大差异。环境保护投融资的综合性与实践性也成为学习和掌握这门知识的一个挑战。

尽管环境保护投融资已经成为解决我国环境问题不可缺少的重要手段，然而我国现阶段能够掌握并灵活应用环境保护投融资知识的人才还较为匮乏，尤其是同时掌握环境科学和环境工程技术知识，以及环境保护投融资知识的专业人才较少。为了推动这一问题的解决，作者自 2006 年以来在国内首次开设"环境保护投融资"课程，积极推动环境科学与工程专业学生学习和掌握环境保护投融资知识。

本书的完成基于四个方面的积累。一是本书涵盖了常杪研究团队近 10 年来的研究成果，尤其是林挺、陈青、田欣、彭丽娟、郑飞、任昊、郝思文、马云等人硕士研究生阶段的研究成果，以及袁楠、滕飞龙等人本科毕业设计阶段的研究成果。二是基于过去 7 年里专业课讲授经验的积累。课程讲授过程中同学们的积极讨论与参与，以及课外同学们的各种调研活动为本书提供了很多思路与素材。三是常杪研究团队在过去的 8 年里主持完成了多项环境保护投融资相关的研究项目，例如在国家开发银行资助下完成的"创新环保投融资机制"研究、为国家"十二五"规划提供的"公共财政与环保投入"研究等。四是常杪研究团队在过去 7 年里举办的各种环境保护投融资相关的研讨会，会上也汇集了国内外该领域的政策制定者和实践者，掌握了国内外相关政府部门、金融机构、企业等单位开展环境保护投融资实践的一手资料。值得欣慰的是，在过去的 8 年里，研究团队培养了一批热衷于环境保护投融资研究与实践的人才，他们都在各自的岗位上从事着相关工作。

本书的出版得到中国环境出版社的大力帮助和支持，在此表示感谢。由于时间和精力有限，本书尚存在很多不足之处，敬请读者批评指正。希望本书的出版，能够进一步推动环境保护投融资领域科研与教学的发展，让更多的环保人士了解和掌握环境保护投融资知识与实践进展，从而能够切实推动我国环境问题的解决！

作　者

2014 年 1 月于清华园

目 录

第1章 概 述 1

　1.1 开展环境保护投融资研究的意义 1

　1.2 环境保护投融资的基本内容 2

　1.3 环境保护投融资领域的发展 5

　1.4 环境保护投融资的研究视角 6

　参考文献 7

第2章 环境基础设施建设投融资 8

　2.1 环境基础设施建设的行业特征 8

　2.2 我国环境基础设施建设投融资机制 10

　2.3 环境基础设施建设投融资国际实践——以污水处理基础设施为例 28

　2.4 我国环境基础设施建设投融资实践与案例分析 45

　2.5 环境基础设施建设投资压力分析方法与应用 53

　参考文献 59

第3章 工业污染治理投融资 61

　3.1 工业污染治理项目的特征 61

　3.2 我国工业污染治理投融资机制 63

　3.3 我国中小城市工业污染治理投融资现状——以黑龙江省双鸭山市为例 70

　3.4 工业污染治理投融资国际经验 73

　3.5 我国工业污染治理投融资实践与案例分析 78

　参考文献 82

第4章 生态环境保护工程投融资 83

　4.1 生态环境保护工程的项目特点 83

　4.2 我国生态环境保护工程投融资机制 86

　4.3 生态环境保护工程投融资国际经验 91

　4.4 我国生态环保项目投融资实践与案例分析 93

　参考文献 96

第 5 章　全球环境问题投融资 98

　5.1　全球环境问题概述 98

　5.2　国际环境公约下的资金机制 103

　5.3　中国应对全球环境问题的投融资现状 113

　5.4　中国应对全球环境问题的投融资实践与案例分析 126

　参考文献 135

第1章 概 述

1.1 开展环境保护投融资研究的意义

科学与技术、规划管理与政策、资金，以及宣传教育是解决环境问题的四大要素。第一，环境科学与工程可以提供环境知识、工程措施、技术手段和环境标准，是解决环境问题的基础。第二，环境规划、环境管理、政策法规等能够推动政府、企业等污染治理的责任主体采取积极有效的环保措施，是解决环境问题的基本保障。第三，资金为落实环境治理的各项工程及运营管理、开展环境技术与产品的研发设计、实施环境监管等环境执法，以及行政管理等提供了根本保障，是解决环境问题的基本前提。第四，环境问题的复杂性既要求一般性环保知识的普及教育，也要求专业性人才的培养；环保知识的宣传教育能够提高公众与企业的环保意识，使其积极主动地配合环保工作，减少污染排放，保护生态环境，因此也是解决环境问题的重要途径。以上要素在解决环境问题的过程中缺一不可。

表 1-1 解决环境问题所必需的措施

理念、措施、手段与技术	环境科学与工程
政策法规	环境法、标准、规划（直接管制）
	环境政策（非强制）
经济手段	环境经济手段、产业政策
资金	环境保护投融资
管理体制	环境管理（政府、企业）
宣传教育	环境宣教/公众参与

从世界各国污染治理的历程来看，很多国家都制定出台了大量的环保法律法规，在环境技术研发方面也开展了大量工作，然而环境质量迟迟未得到有效改善。究其原因，资金短缺、投资效率低下是其中一个重要的因素。

长期以来，资金问题一直是困扰世界各国以及各级政府开展环保工作的一个现实问题。尤其是对于发展中国家，不仅面临着来自经济发展初期阶段经济实力的制约，而且还面临着经济发展的基础设施建设投资优先而环境保护投资滞后的政府决策问题，环保投资滞后现象较为严重。掌握环境保护投融资的相关理论知识和大量的具体实践案例可以为扩大环保资金来源、提高资金使用效率提供理论和实践基础，从而推动环境问题的最终解决。

1.2　环境保护投融资的基本内容

1.2.1　环境保护投资领域

根据《中华人民共和国环境保护法》总则，环境是指影响人类社会生存和发展的各种天然的和经过人工改造的自然因素的总体，包括大气、水、海洋、土地、矿藏、森林、草原、野生动物、自然古迹、人文遗迹、自然保护区、风景名胜区、城市和乡村等。环境保护包括保护和改善生活环境与生态环境，防治污染和其他公害，保障人体健康。由于环境保护的内涵较为概括，外延较为宽泛，判断环境保护活动的依据主要是，活动是否以环境保护为主要目的或活动的附加效果是否达到了保护环境的效果。

环境保护的内容有很多种分类方法。按照环境保护的管理对象划分，可分为工业污染治理、生活污染治理、自然生态环境保护和改善、环境监督管理、环保系统能力建设、环境科学技术研发、环境研究、人体健康、应急措施、环境宣传教育、国际环境合作交流等。其中，国际环境合作交流对于发达国家来说，主要业务是在国际公约下对发展中国家的援助与支持；对于发展中国家来说，更多的是如何履行国际公约。按照环境保护处理的介质不同，可分为水环境、大气环境、噪声、固体废物、放射性和电磁辐射、土壤等环境污染治理项目。无论采取哪种分类方法，这些环境保护的具体内容都是环境保护投资的对象。

随着全球绿色风潮的推进，新能源、可再生能源、资源回收再利用等领域虽然不是直接治理污染，但都是可以达到减轻污染效果的重要活动，从广义来讲也是环境保护投资的对象。

此外，环保产业的发展也是推动污染治理、改善生态环境质量的重要支撑，因此，环保产业一定程度上也可以作为环境保护投资的领域。

1.2.2　环境保护投融资的概念

简单地说，环境保护投融资是指环境问题的相关责任主体围绕着解决生态环境问题和维护生态环境质量而开展的直接或间接的投资和融资活动。

环境保护融资是指相关主体为了开展环境保护活动，通过运用金融工具从盈余部门（资金供给者）获得所需资金的一系列行为过程，主要目的是调剂资金短缺。环境保护筹资的范畴要比环境保护融资的范畴更为宽泛，除了利用金融工具融资外，还包括通过自身积累筹措自有资金等行为。

环境保护投资是指投资主体通过各种渠道或以各种形式将资金投入环境污染防治、生态平衡维护和环境管理等环境保护领域的行为活动。环境保护投资的回报既包括难以量化的"青山绿水"给人类带来的环境效益和社会效益，也包括绿色投资给投资者带来的经济效益。

世界各国的环保投资范畴与环境保护活动的内容类似，大致可以分为环境污染治理投资（包括污染源治理投资和城市环境综合治理投资）、资源和生态环境保护投资（包括资源保护投资和生态环境保护投资）、环境管理与科技投资（包括环境科技教育投资和环保系统能力建设投资）。针对最后一项，即环境管理与科技投资是否计入环境保护投资或环境保护支出，不同国家的界定也有较大差异。

狭义的污染治理投入往往是没有经济回报的行为，这时用环境保护支出（或投入）更为准确。对于政府而言，一般是指中央和地方政府预算内对环境保护的资金投入，往往包括环境管理支出、生态环境保护支出、环境监测体系建设支出、环境污染治理支出等。对于企业而言是指企业为进行污染控制与环境保护所发生的各种支出，以及污染罚款与赔付支出等。企业的环境保护支出通常会随着市场竞争中对环境价值取向的重视程度的加强而不断增加，进而从被动的支出污染治理费用走向自主研发、生产环境友好型产品的道路。

环境保护投资主体包括各级政府、企业、国际组织、政府开发援助机构、金融机构、社会团体及个人。由于不同环境治理领域的事权主体不同，环境保护投资的责任主体也有所不同。关于不同环境领域事权主体与投资主体的划分问题，将在本书的后续章节陆续进行介绍。

环境保护投资在一定程度上反映了一个国家或地区对环境保护的重视程度。环境保护投资力度的主要表征指标有：

- ☞ 环保投资占 GDP 的比例；
- ☞ 政府环境保护支出（或投入）占政府财政支出的比例；
- ☞ 企业环境保护支出（或投入）占企业固定资产投资的比例。

1.2.3 环境保护投资统计

正如前文所述，环境保护涉及工业污染源治理、城市生活污染治理、农村面源污染治理、资源和生态保护、环境管理执法及其能力建设、环境保护科技研发、环境宣传教育等方面，但是有关部门并非对所有领域的投资状况都进行统计。通常来说，政府的财政投入统计相对容易，而企业污染治理投入统计有一定的难度。

尽管各国环境保护投资的定义类似，但是在投资统计上各国的统计数据差别较大，这使得实际操作中往往难以比较不同国家和地区环保投资的力度。各国在环保投资统计上的差异主要体现在以下两个方面：

- ☞ 统计内容。从投资主体角度来说，有些国家只统计政府的环保财政支出，而有些国家对政府和企业的投资都进行了统计。有些领域由于缺乏明确的投资主体，或者不同国家不同领域的投资主体有较大差异，经常混淆环保领域总投资和政府的环保支出（前者包含了企业等其他主体的环保投资/投入）。从统计的范围来看，各国环保投资的范围界定不一。例如有些国家统计的内容主要集中在环境污染治理投资（包括污染源治理投资和城市环境综合治理投资），一些国家则涵盖了生态环境保护投资、环境管理与科技投资等领域。
- ☞ 统计方式。通常来说，环境保护的投资主体由两部分构成，即政府（中央和地方政府）和企业。当投资主体为政府时，一般由各级统计部门开展数据统计工作，地方政府上报数据，为强制性普查；当投资主体为企业时，由国家统计部门或环境保护部门进行统计，统计方式包括强制性抽样调查、自愿性抽查及普查等。

此外，由于环境保护投资的统计方法时有改变，数据连续性较差，也加大了这一领域的研究难度。

在中国，环境保护投资统计的对象是政府和企业，主要涵盖了工业污染治理、环境基础设施建设和"三同时"项目三大领域的资金投入。在加拿大，环境保护投资统计的对象是工业企业，其统计数据称为环境保护支出，指当年工业企业进行环境保护活动投入的资本（但不包括环境科研和宣传活动的支出）以及向当地政府或其他部门缴纳的环境相关税款。在澳大利亚和德国，环境保护投资统计的对象是政府，其统计数据均称为环境保护支出，指当年政府开展一切主要目的为环境保护的活动而投入的资本（包括资金和劳务、商品）；所不同的是，澳大利亚不包括用于环境研究和环境培训的第三方教育性机构的一般性基金，而德国则涵盖所有政府部门与环境保护相关活动的支出。在英国，环保投资调查的数据较为全面，调查的投资主体有政府和企业，但其统计数据都称为环保支出；当投资主体为政府时，与澳大利亚和德国统计数据的定义相同；当投资主体为企业时，则指运行支出（环境保护活动的内部成本，及在相应环境保护服务领域的支出）和资本支出（末端治理投资和综合投资支出），但不包括向当地政府或其他部门缴纳的环境相关税款。从以上的内容可以看到，世界各国在环保投入统计上具有不同的特点。

1.2.4　环境保护投融资机制

机制通常是指系统或机体内部各构成要素之间相互联系和作用以推动系统或机体运动变化的功能和发挥功能的方式。机制也被看做是一种形式和思路，可以通过对某种机制的适用背景、适用条件和实施效果进行分析和评估，在应用基础上总结和提炼出具有规律性、系统化、理论化和可操作性的方式、方法，这样才能有效地指导实践。

环境保护投融资机制是指为了解决环境问题，在明确环境保护投资对象和投资事权主体的基础上，通过制定相关政策、形成制度来确保环保资金来源，运用各种融资手段与融资工具实现融资渠道畅通的一项系统工程。

一般来说，投资和融资是两个不可分割的环节。融资是解决环境保护工作中的资金不足问题，是投资的先行活动；融资为投资服务，融资活动的成效直接影响投资效果。其中，投资主体决定了所能运用的融资渠道与融资工具。因此，环境保护投融资机制设计的核心是：

☞　要设定环境质量改善的阶段目标，测算完成既定环境治理任务所需要的资金；

☞　科学合理地界定投资事权主体和投资主体；

☞　明确各投资主体的投入能力、投入形式以及资金缺口；

☞　了解现有投入政策以及现有融资渠道的局限与问题，了解各种融资渠道与融资工具的特征及其适用性；

☞　最终针对具体领域的问题和实际情况，设计有效可行的资金筹措方案，形成具体的环境保护投融资机制与金融产品，并制定出相关政策落实保障机制。

此外，因为各国在进行环境治理的历程中都不同程度地开发和利用了一些有效的投融资手段，所以对国际经验的了解和分析也是研究环境保护投融资机制的主要方法。

1.3 环境保护投融资领域的发展

1.3.1 环境保护投融资理论与实践进展

根据环境经济学原理，外部不经济性和环境的公共物品属性将导致"市场失灵"。这就注定了政府作为市场的监督者和管理者，需要投入一定资源向社会提供优质环境这一稀缺的公共物品。同时，可持续发展理念的提出，将人类社会、经济和环境的发展融为一体，为人类社会在发展的同时投入一部分生产产品和资金用于环境和自然资源的保护提供了理论依据。

随着城市化和工业化的推进，环境问题日益突出，严重影响了人们的生命及财产安全，也阻碍了社会经济健康、快速的发展。环境保护成为事关社会经济健康发展的重要问题，也引起了政府和社会各界的广泛关注。在这一背景和经济理论的支持下，环境保护投融资应运而生。

发达国家早在 20 世纪 70 年代就出台了环境保护投融资相关的政策法规。这一时期美国国会就环境保护立法 20 多项，对环境保护的经费来源等做出了相应规定；日本也在 1970 年修改了《公害对策基本法》，逐步加强了环境保护的经费投入。

我国的环境保护投融资早在计划经济时代就已经产生。但在计划经济体制下，环境保护投资像国民经济和社会发展中的其他固定资产投资一样，是单一的国家预算内拨款。值得注意的是，在计划经济时代，环境保护投融资完全根据国家批准的环境保护计划划拨，还没有形成环境投融资制度，投资事权并不明确。

随着经济的高速发展，我国的环境污染问题日益严重，环境保护的投资需求日益增长，政府投资压力巨大。与此同时，企业在经过了以"放权让利"为特征的改革之后，获得了自主经营和利润分成权，也具备了一定的投资能力。在此背景下，我国环境保护领域内新的融资主体和融资渠道开始出现。这一时期，国家开始征收排污费、生态环境补偿费等一系列税费，专款用于环境和自然资源的保护，并在 1984 年《关于环境保护工作的决定》中明确了 8 条环境保护资金渠道。20 世纪 90 年代中期，由于我国城市化和工业化的快速推进，环境保护投资仍然存在较大缺口。为此，我国政府提出要完善各种环境经济政策、切实增加环保投入。随着投资事权不断得以明确，我国逐渐形成了投资主体多元化、融资渠道多样化的发展态势。国债、外资、国内银行贷款、证券、基金等多种资金渠道开始在环境保护投融资领域发挥重要作用，我国的环境保护投融资取得了重大发展。

1.3.2 经济发展阶段直接影响环保投入水平

经济发展水平对各级政府的环保投入水平有较大的影响。当地方政府处于"吃饭财政"阶段时，难以期待其在环境治理方面有较高的财政支出。企业也一样，如果企业没有较好的经济收益，就没有充裕的自有资金积累，也就制约了其在污染治理方面的投入。

根据环境库兹涅茨曲线（Environmental Kuznets Curve），当一个国家或地区处于低收入水平时，污染排放较少，环境质量能保持在一个较好的水平；随着经济的增长，污染排放逐渐增加；当经济发展到一定阶段后，通过经济结构的优化调整以及污染排放的有效治理又使得环境质量得以恢复，达到原先较好的环境状况。这一理论表明经济增长过程中会带来环境污染，同时经济得以发展使得国家和地区有能力支付环保投入、推动污染治理。因此，如何在经济发展的同时降低环境影响成为世界各国，尤其是发展中国家可持续发展的目标。

对于发展中国家来说，实现上述目标的路径无外乎有两条：第一，减缓经济发展速度，减少污染物排放。然而这是不现实的，大多数国家都难以为了保护环境而减缓经济发展速度。第二，许多发展中国家都开始汲取发达国家先污染后治理的经验教训，开始关注环境问题，加大污染治理的投入力度以减少污染物排放。但是，一个现实的问题就是发展中国家大多受困于经济发展阶段的制约而环保资金不足，这就更需要建立有效的环保投融资机制来确保资金的筹措和使用。

1.4 环境保护投融资的研究视角

环境保护投融资机制研究简而言之就是为解决具体的环境问题如何筹集到资金，如何有效地使用所筹的资金并实现既定的环保目标。环境保护投融资机制研究关注的主要领域见表1-2。

表1-2 环境保护投融资机制研究关注的主要领域

研究对象		具体研究内容
环境保护投融资现状与问题分析	定量分析	投资力度（时序列投资额和总投资额）；设施建设与运营成本；投资效率；不同治理领域、不同地区、不同投资主体的投资情况分析；融资渠道与工具的运用情况等
	定性分析	现有投融资政策实施效果评估；现有投融资机制的评价等
投资预测研究		中长期资金需求预测及其投资规划
理论基础研究		针对各类环境问题的特点及其投资特征，明确投融资原则，制定投融资目标；界定各相关主体环境保护投资事权关系，明确投资主体；影响因素的识别等
国际经验分析与总结		发达国家在环境保护各领域的投融资体制与具体做法，以及对其他国家的启示
投融资策略研究		创新融资渠道与工具的设计；各种融资方式下的资金可得性分析；各种融资结构下的融资成本和融资风险等
投融资方案实施保障机制		制度安排；机构设置；政策法规制定；能力建设等

本书围绕上述研究视角，对我国环境保护的四个主要领域展开重点分析：第一是环境基础设施建设投融资，主要指污水和垃圾处理设施建设的投融资；第二是工业污染治理投融资；第三是生态环境保护投融资；第四是应对全球环境问题的投融资。此外，尽管环境保护管理能力建设、环境保护科技研发、环境保护宣传教育也是环境保护投资的重点领域，特别是在环境管理机构设置的初期阶段，需要建设管理队伍和监测队伍，但是由于其资金主要来自政府和国际金融组织/外国政府贷款，投资主体明确单一，因此不作为本书的主要研究对象。

参考文献

[1]　马中. 环境与自然资源经济学概论[M]. 北京：高等教育出版社，2006.

[2]　王玉庆. 环境经济学[M]. 北京：中国环境科学出版社，2002.

[3]　覃成林，等. 环境经济学[M]. 北京：科学出版社，2004.

[4]　王丽萍. 环境与资源经济学[M]. 北京：中国矿业大学出版社，2007.

[5]　段志平，吕志昌，李佳. 污水处理收费国际比较与借鉴[J]. 价格理论与实践，2008（1）：31-33.

[6]　高培勇，崔军. 公共部门经济学[M]. 北京：中国人民大学出版社，2002.

[7]　王金南. 环境经济学理论、方法、政策[M]. 北京：清华大学出版社，1994.

[8]　马中. 环境与自然资源经济学概论[M]. 北京：高等教育出版社，2006.

[9]　张治觉. 中国政府支出与经济增长[M]. 长沙：湖南人民出版社，2008.

第2章 环境基础设施建设投融资

2.1 环境基础设施建设的行业特征

环境基础设施主要包括城镇污水处理设施和城镇垃圾无害化处理处置设施。与一般的竞争性行业不同，环境基础设施具有其独特的行业特征。

（1）服务的自然垄断性

环境基础设施具有基础设施的一般性特征：第一，相对于运营维护费用，一次性的建设成本较大；第二，鉴于容易形成较高的沉淀资本，投资建设前需要开展周密的前期研究，项目前期费用较高；第三，由于投资回收期长，投资专用性强，规模经济显著，具有成本弱增性。因此，从理论上来讲，在一定区域范围内由一家或少数几家垄断经营才能使社会生产效率最大化。

具体到城镇污水处理设施，其运营必须借助于能覆盖其市场范围的污水管网和污水处理设施，而这些设施无法在空间上任意转移，这就决定了污水处理设施和污水管网相关投资的专用性和资本沉淀性。其政策含义是，在同一区域重复建设污水处理设施和污水管网并由多家企业竞争性地运营这些设施要以巨大的沉淀资本为代价，往往是低效率的。因此，污水处理服务基于污水处理设施和污水管网的服务特征也促成了污水行业的自然垄断性。

具体到垃圾处理处置设施，设施建设也往往从垃圾输送转运的交通便利性以及地区周边情况来确定地址，焚烧设施和综合处理处置设施轻易无法换址，填埋场也得用很长一段时间。因此，一旦投资建设形成固定资产，将其挪作他用的难度很大，总体来看该行业也具有自然垄断性。然而，这并不意味着垃圾处理系统的每一个环节都具有自然垄断性。垃圾处理是一个综合的、系统的概念。就其系统而言，可分解为收集系统、运输系统、处理处置系统；就其处理处置工艺而言，又可表现为焚烧、填埋、堆肥等不同方式。因此，对垃圾处理处置系统内部的不同环节、不同方式，其投资运营管理也有较大差异。实践证明，垃圾处理处置过程中的某些部门、某些产品和服务同样适用于有效竞争。

（2）建设投资较大

环境基础设施建设工艺复杂，占地面积大，土建工程规模大，所需设备繁多，往往需要巨额投资。以城市污水处理设施建设为例，主要包括五大部分：污水处理厂的新建、现有污水处理设施的技术改造、污水管网、污泥处理处置设施和中水回用设施等，投资规模较大。

发达国家对污水处理设施建设的投资力度较大。20 世纪七八十年代，美国、日本、英国等国家在污水处理方面的投资占国民生产总值（GDP）的 0.29%～0.55% 和 0.53%～0.88%。从各国经验来看，城市环境基础设施建设是城市基础设施建设的重要组成，同时也是环境保护领域所需投资最大的一部分。

（3）建设持续时间长

从发达国家环境基础设施的建设历程来看，他们也都经历了长达数十年的努力才使得城市污水处理率和垃圾处理率达到一个理想的状态。以污水处理为例，美国污水处理设施建设在 20 世纪出现过两次高潮，第一次是第二次世界大战后 10 年，由于战争结束，经济快速发展，城市化进程加快，环境污染压力显现，凸显了污水处理设施的建设需求。第二次是 1972 年联合国人类环境会议以后，世界各国对环境保护的认识进一步提高。以此为契机，美国除了新建许多污水处理设施外，还加强了污水管网的建设和旧厂改造。如位于特拉华州特拉华河边的维明顿（Wilmington）污水处理厂，建于 1954 年，在 20 世纪 80 年代进行了大规模改造；印第安纳波利斯（Indianapolis）的污水处理厂，建于 1952 年，1976 年进行了大规模改造。1982—2004 年是韩国的主要建设时期，20 年间，污水处理率由 10% 增加到 80%。

我国的环境基础设施建设也经历了一个漫长的过程。经过 30 多年的发展，我国的环境基础设施建设取得了长足的进展，但是当前提高污水处理率和垃圾处理率、提高处理质量、现有设施更新改造等建设需求仍然很大。

（4）政府收费、付费和价格管制

由于环境基础设施建设运营的自然垄断性特征，污水和垃圾处理服务难以实现完全的市场竞争，因此政府必须对环境基础设施行业进行监管，尤其是通过基于成本的价格监管和对投资收益的限制，以保障公众利益。通常来说，公众不对污水和垃圾处理服务进行直接付费，而是通过政府收取污水处理费和垃圾处理费，再由政府通过财政拨款对污水和垃圾处理设施运营企业支付服务费用。

（5）较强的地域性

受城镇规模和基础设施建设规模的限制，环境基础设施行业具有明确的区域范围，较难建立覆盖多个城镇的服务系统。例如，污水排放的重力流特征使得污水处理的区域性更加显著，调配余地较小。此外，由于各城镇规模、经济发展水平、政府财力、居民消费水平、企业的经营管理能力等状况不同，不同城镇的状况可能具有较大的差别。

（6）公共物品和社会功能性，需求弹性小

环境基础设施还具有其特殊的经济属性。其服务一般具有公共物品属性，有较强的经济外部性和社会性，环境效益显著。此外，环境基础设施所提供的服务可替代性小，需求较为恒定，因此价格变化对需求的影响较小。

（7）投资的低回报性和运营回报的高稳定性

由于政府的价格管制，环境基础设施行业的投资回报受到限制，往往要低于纯经营性行业。一般情况下的投资回收期都在十几年乃至更长。同时，环境基础设施提供的是必需品，一旦形成服务，其最终收益无论是靠用户支付，还是靠政府财政支付，服务企业都可以获得稳定的现金流和收益。

环境基础设施建设需求受多个因素的影响。其中，城市性质（城市的人口规模、经济发展阶段、城市经济规模与结构、城市环境服务现状等）决定了城市环境基础设施的需求水平和内部结构；环境基础设施的存量决定了新增环境基础设施的数量和结构；科技进步水平影响了城市经济社会发展，间接影响对城市环境基础设施的需求。

2.2 我国环境基础设施建设投融资机制

2.2.1 我国环境基础设施建设投融资机制的演变阶段

我国环境基础设施建设投融资机制的演变经历了以下几个主要阶段：

第一个阶段是 20 世纪 80 年代末至 90 年代末。此阶段，我国的环境基础设施建设还处于起步阶段，建成的设施量较少，且主要由政府部门及事业单位来运营管理。这一时期，日本、德国、加拿大等国政府和世界银行等国际金融组织以软贷款方式支援了我国城市环境基础设施建设，利率较低，还款期较长。

第二个阶段是 1998—2002 年，为了应对亚洲金融危机，国家实行了积极的财政政策。这一时期，国债作为主要资金来源持续支持了一批大中城市的环境基础设施建设。国债和多边双边贷款推动了城市环境基础设施的建设步伐，同时政企分离的体制改革又催生了政府管制下的专业公司，全盘运作项目。这一时期我国环境基础设施建设得到快速发展，但仍然无法满足巨大的污水和垃圾处理服务需求。

第三个阶段是从 2002 年开始至今。中共中央十六届三中全会上，中央政府明确了包括城市污水和垃圾处理在内的市政公用事业的改革方向，即引入竞争机制和发挥市场规律，提高服务效率和服务质量。自此，从中央及相关部委到地方陆续出台了一系列不同层次的、推进城市环境基础设施行业产业化和市场化改革的政策，主要涉及资金来源、开放领域、改革方向、收费和政府监管等方面。

- ☞ 资金来源。关键政策包括：2000 年 5 月建设部发布的《城市市政公用事业利用外资暂行规定》（建综[2000]118 号）允许城市市政公用事业中的排水、污水处理、垃圾处置等领域吸收外商投资，其中包括直接投资，打开了外商投资排水、污水处理和垃圾处置等行业的大门；2001 年 12 月国家计委颁布的《关于促进和引导民间投资的若干意见》（计投资[2001]2653 号）进一步提出鼓励和引导民间资本参与环境基础设施建设，第一次明确要全面吸引非国有资本进入污水领域。2005 年 2 月国务院出台的《关于鼓励支持和引导个体私营等非公有制经济发展的若干意见》（国发[2005]3 号）从更高的层次明确允许非公有资本进入公用事业和基础设施领域，同时要求加快完善政府特许经营制度，规范招投标行为，鼓励非公有制企业参与市政公用企业、事业单位的产权制度和经营方式改革。
- ☞ 开放领域。《外商投资产业指导目录》（2002 年修订）经国务院批准发布并实行，明确地向外商逐步开放环境基础设施领域，鼓励外资进入污水处理厂、垃圾处理厂、危险废物处理处置厂（焚烧厂、填埋场）及环境污染治理设施的建设、经营领域。

☞ 改革方向。2002 年 9 月 10 日国家计委、建设部、国家环保总局联合发布的《关于推进城市污水、垃圾处理产业化发展的意见》（计投资[2002]1591 号）确立了产业化的方向：改革价格机制和管理体制，鼓励各类所有制经济积极参与投资和经营，实现投资主体多元化、运营主体企业化、运行管理市场化，形成开放式、竞争性的建设运营格局。紧接着，2002 年 12 月建设部出台的《关于加快市政公用行业市场化进程的意见》（建城[2002]272 号）进一步要求采取公开向社会招标的形式选择污水处理设施建设的投资主体，同时允许跨地区、跨行业参与市政公用企业经营。

表 2-1　我国环境基础设施市场化改革相关政策

发布单位	时间与编号	政策文件
国家计委、建设部、国家环保总局	1999 年，计价格[1999]1192 号	《关于加大污水处理费的征收力度、建立城市污水排放和集中处理良性运行机制的通知》
建设部	2000 年，建综[2000]118 号文	《城市市政公用事业利用外资暂行规定》
国家计委	2001 年	《关于促进和引导民间投资的若干意见》
国家计委、国家经贸委、外经贸部	2002 年，第二十一号令	新《外商投资产业指导目录》
国家计委、建设部、国家环保总局	2002 年，计投资[2002]1591 号	《关于推进城市污水、垃圾处理产业化发展的意见》
国家计委办公厅	2002 年，计投资[2002]1451 号	《关于加快项目前期工作，积极推进城市污水和垃圾处理产业化有关问题的通知》
建设部	2002 年，建城[2002]272 号	《关于加快市政公用行业市场化进程的意见》
建设部	2004 年，建设部令第 126 号	《市政公用事业特许经营管理办法》
国务院办公厅	2004 年，国办发[2004]36 号	《关于推进水价改革促进节约用水保护水资源的通知》
建设部	2004 年，建城[2004]225 号	《建设部关于加强城镇生活垃圾处理场建设运营监管的意见》
国家发改委、商务部	2004 年，国家发展和改革委员会、商务部令第 13 号	《中西部地区外商投资优势产业目录》（修订）
国务院	2005 年，国发[2005]3 号	《关于鼓励支持和引导个体私营等非公有制经济发展的若干意见》
国务院	2005 年，国发[2005]39 号	《国务院关于落实科学发展观　加强环境保护的决定》
建设部	2005 年，建城[2005]154 号	《关于加强市政公用事业监管的意见》
建设部	2007 年，建设部令第 157 号	《城市生活垃圾管理办法》

☞ 收费。2002 年 11 月国家计委办公厅发出的《关于加快项目前期工作，积极推进城市供水和污水处理产业化有关问题的通知》提出完善污水和垃圾处理收费办法，并按照运行维护费用和投资保本微利原则逐步提高收费标准。2004 年 4 月国务院办公厅发出的《关于推进水价改革促进节约用水保护水资源的通知》（国办发[2004]36 号）首次明确要限期开征污水处理费，制定最低收费标准或在提高水

价时优先将污水处理费标准调整到保本微利的水平，确保污水处理设施正常运行。2005 年 10 月建设部发布的《建设部关于加强城镇生活垃圾处理场建设运营监管的意见》提出继续推行城市生活垃圾处理特许经营制度，推进垃圾处理收费工作，并要求继续加快垃圾处理事业单位转企改制步伐。2005 年 12 月国务院又出台了《关于落实科学发展观 加强环境保护的决定》，进一步明确要加大污水处理费和生活垃圾分理费的征收力度。

☞ 政府监管。城市环境基础设施建设市场化对政府监管提出了更严格的要求。为此，2004 年 3 月建设部出台了《市政公用事业特许经营管理办法》（2004 年第 126 号令），要求在包括污水处理在内的市政公用行业市场化改革中建立"特许经营制度"，并要求各地在改革中根据实际情况将特许经营制度具体化。此后，"特许经营协议"的签订被视作市政公用行业市场化的重要标志之一。随着对监管的重视日益加强，2005 年 9 月建设部出台的《关于加强市政公用事业监管的意见》（建城[2005]154 号）反映了中央政府对包括污水与垃圾处理行业在内的市政公用事业监管工作的重视，改革的目标开始逐渐重视效率的提高，具体表现在开始注重监管、重视运营和服务水平、关注公众利益和安全。

由上述政策分析可知，我国在 21 世纪初期的 10 年间逐步明确了城市环境基础设施行业的改革方向，拓展了城市环境基础设施建设、运营的资金来源，并不断规范操作程序。污水处理费征收力度的日益提高，有利于解决污水处理设施日常运营维护资金短缺的问题，缓解了地方政府的补贴压力；市场化模式得到广泛应用，社会资本直接参与了城市环境基础设施的建设和运营，减轻了政府在城市环境基础设施建设方面的直接投资压力。

在市政公用行业的市场化改革推动下，城市环境基础设施投资的大门也向国内外社会资本打开，城市环境基础设施建设初步形成了融资渠道多元化的格局，即在原来较为单一的国债、地方财政、国际金融组织/双边政府贷款的融资结构基础上，增加了由企业参与带来的、资本市场直接和间接融资渠道。同时，我国各大金融机构也加大了对于环境基础设施行业的投资力度。

2.2.2 我国城镇环境基础设施建设的投融资机制基本情况

以污水设施建设为例，当前我国城镇环境基础设施建设的投资主体及其融资渠道主要由以下几部分组成，见图 2-1。其中，政策性资金的主要来源包括三大部分：一是政府财政资金拨款，二是国债资金，三是国际金融组织优惠贷款。随着环境基础设施行业市场化的推进，越来越多的社会资金参与其中，主要进入方式包括两种：一种是通过地方城投公司作为纽带引入社会资本。地方城投公司是地方政府市政基础设施建设的投融资平台，一方面具有较强的地方政府背景，另一方面又以公司形式融合了多样化的市场融资手段，是集政策性资金与市场性资金于一体的投资者。另一种是市场资金通过社会资本企业进入城镇环境基础设施项目。这类企业通常是投资运营型的环保企业，主要靠自筹资金投资环境基础设施项目。

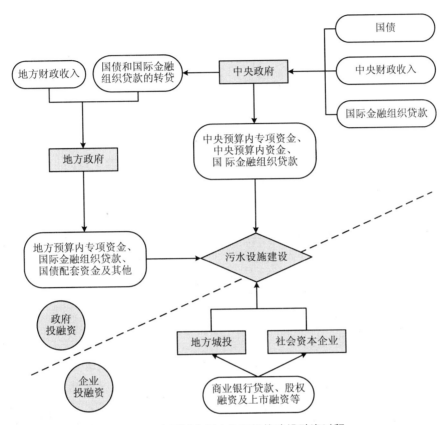

图 2-1 我国城市污水处理设施建设融资过程

2.2.3 地方财政资金

以污水处理基础设施建设为例，地方政府财政资金是污水处理基础设施建设的重要资金来源。其中，城市维护建设资金是基础设施建设资金的主要来源，可分为固定税费收入及其他非经常性收入（如土地出让转让金、资产置换收入等）。在城市维护建设资金中，用于城镇污水处理领域的固定税费收入主要包括城市维护建设税、公用事业附加、国家和省规定收取的用于城市维护建设的行政事业性收费以及其他税费收入，是财政资金用于城镇污水处理设施固定资产投资的稳定资金来源，一般以财政拨款方式进入城镇污水处理行业。

历年来，城市排水固定资产投资占同期城市维护建设财政性资金支出的比例维持在12%～18%（图 2-2）。

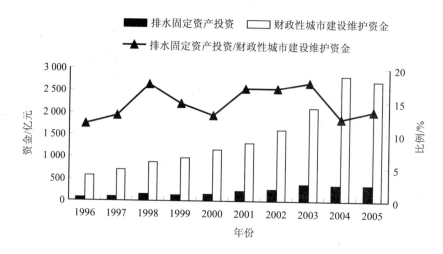

图 2-2   城市排水固定资产投资占同期城市维护建设财政资金的比例

2.2.4   国际金融组织优惠贷款

作为发展中国家经济和技术的援助者，国际金融组织对于我国环境基础设施建设的支持可追溯至 20 世纪 80 年代末。

20 世纪 80 年代末至 90 年代初，日本、德国、加拿大等国以及世界银行、亚洲开发银行等国际金融组织，从环境保护的角度支援我国城镇环境基础设施建设。这一时期，我国的污水处理设施建设处于起步阶段，建设过程中的大量资金来自国际金融组织和外国政府贷款；我国第一个大型城市市政污水处理厂——天津纪庄子污水处理厂就是日元贷款项目；1991 年，北京利用世界银行贷款建成的大屯转运站和阿苏卫填埋场投入使用，北京市的垃圾处理进入无害化阶段。

国际金融组织资金对于我国环境基础设施建设的投入具有明显的空间分布特征。比如，2005 年以前，世界银行对我国污水处理领域的投入主要集中在北京、上海、天津等城市，以及浙江、广东珠江三角洲等经济最为发达的区域。虽然近年来紧跟我国流域治污的政策趋势，加大了对辽河、淮河等流域治污的资金支持，但是投入的资金量较少，整个流域的贷款额度甚至不如东部地区的一个大城市。2006—2010 年，亚洲开发银行和日本国际协力银行的资金重点支持了我国中西部和东北地区的项目，主要分布在上述地区的省会城市及大城市。世界银行对我国垃圾处理领域的投入则主要集中在天津、宁波、嘉兴等城市。从趋势上来看，一些主要国际金融组织的投入重点逐步向我国中西部地区以及中小城市转移。比如，世界银行也把投资重点转向湖北、重庆、广西等省市。

国际金融组织资金对我国环境基础设施建设起到了重要的援助作用。主要具有以下优点：

第一，长期低息贷款，资金成本较低。国际金融组织的贷款利率一般不高于国内其他非拨款类资金来源，且一般具有较长贷款期限与还款宽限期。作为成本低廉的资金，国际金融组织的长期低息贷款非常符合我国环境基础设施建设的资金需求。

第二，为我国环境污染治理政策的落实提供了有力的支持。国际金融组织的对华贷款项目规划结合了国际金融组织的目的、目标和我国的实际需求，并在制定过程中与发改委等部门进行了充分的沟通。因此，其贷款往往能够紧跟我国的政策需求，这在重点流域和区域治理项目上有所体现。同时，国际金融组织的单个项目贷款额度较大，世界银行和亚洲开发银行单个项目贷款额度平均在 7 亿元人民币左右，而日本国际协力银行的贷款额也接近 4 亿元人民币，从而对我国水污染治理政策的落实形成了强有力的支持。

第三，国际金融组织贷款的申请和使用须经严格的审核程序，从而保证了项目的实施效果。国际金融组织通常有成熟的贷款审批程序，并且能够严格地执行。在可行性研究、项目环评监督、阶段性考察以及项目结束的后评估等各个环节都一丝不苟。由此也通过项目实施为我国带来了先进的项目管理经验和理念。

然而，需要注意的是，国际金融组织资金对于我国环境基础设施建设的投入面临减少的趋势。随着我国经济建设近年来的快速发展，世界银行、亚洲开发银行等国际金融组织对我国的贷款正在逐步减少，贷款期限和宽限期也在压缩，而日本国际协力银行已于 2008 年结束了其在华优惠贷款项目。同时，考虑到外债风险和增强国内资金流动性的需要，我国政府也在限制国际金融组织对华贷款总额。

2.2.5 国债资金

1998 年为应对亚洲金融危机的冲击、世界经济增长减速的影响以及国内市场需求不足带来的挑战，我国实施了积极的财政政策。中央政府增发长期建设国债，加快基础设施建设。在我国，国债由财政部发行，由发改委负责资金的分配。国债资金以中央预算内专项资金和地方预算内资金两种方式投入环境基础设施建设项目，前者为国债拨款资金；后者为国债转贷资金，并要求地方政府按规定还本付息，属于长期低息贷款。

基于 1998—2005 年国债资金投资环境基础设施的项目信息，我们对这一阶段的国债投资特征进行分析。

2.2.5.1 国债在污水处理领域的投资情况分析

（1）总体情况分析

1998—2005 年，国家在污水处理基础设施建设领域累计批准总投资达 2 796 亿元，其中国债资金 616 亿元，占批准总投资的 22%，带动了地方相关配套资金共计 1 045 亿元，占批准总投资的 37%，国债资金与地方配套资金的比例是 1∶1.7。全国共建污水处理项目 1 987 个，平均每个项目的国债使用规模约为 3 101 万元。基于所有有效数据，统计得出共建污水管网 25 万 km，增加污水处理能力 8 945 万 t，中水回用能力 157 万 t。由于上报的数据不全，实际值还要高于这一结果。

从时间尺度上看，国债资金于 1998 年开始大规模投资污水处理设施建设，形成了一个投资高潮（图 2-3）。这主要是由于从 1998 年国家开始使用国债资金开展污水处理基础设施建设，初始阶段地方政府踊跃上报项目，希望争取得到国债资金的支持。1999 年国债资金达到了一个投入高峰，共投入 122 亿元资金，占当年批准总投资的 30%。然而，从 2003 年开始，随着长期建设国债总发行量的缩减以及污水领域市场化进程的推进，国债资金呈现逐步淡出的趋势，这在资金总额、国债资金占批准总投资的比例以及用于污水领域的国债资金占发行总量的比例等方面均有所体现。

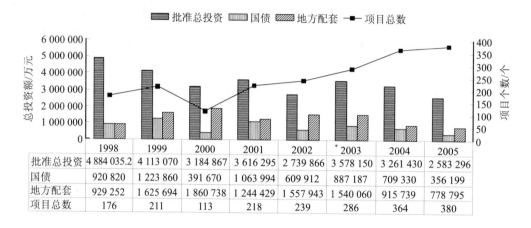

图2-3 污水处理设施领域国债资金年度投入情况

在项目层面，我国污水处理设施建设项目逐年增加，从1998年的170项增加到2005年的380项，呈稳步上升态势。与国债投资规模的不断减少对比可知，单个项目的国债投资规模呈下降趋势，2005年平均每个项目的国债支持力度为937万元，国债投资呈现减少单个项目投资规模、扩大覆盖面的态势，这一举措大大提高了国债资金对地方配套资金的拉动作用。

从投资重点来看，国债对于我国污水处理行业的支持经历了从厂区建设到厂网（管网建设）并重的转变。在国债投入污水行业之初，国债资金重点投资于污水处理设施，而管网部分由地方政府负责。然而，在此后的建设中，各地区"重厂轻网"的现象凸显，加之市场化改革以来污水处理厂建设得到了社会资本的较大投入。在此背景下，国债投资重点开始转向管网。从国债项目的建设内容不难发现，我国国债资金在2000年以前基本不涉及管网建设，而在2000年以后逐渐向管网建设倾斜，且出现较多专门的管网配套工程。

（2）区域投资特征分析

为了分析国债资金在不同区域的投资情况，我们将各城市按直辖市、东部地区、中部地区和西部地区进行分组。不同于一般分类方法的是，东部地区不包括东部的直辖市，西部地区不包括西部的直辖市，分组情况见表2-2。

表2-2 各城市区域分组

地区（市）	省（直辖市）
直辖市	北京、上海、天津、重庆
东部地区	河北、辽宁、江苏、浙江、福建、山东、广东、海南
中部地区	山西、内蒙古、吉林、黑龙江、安徽、江西、河南、湖北、湖南
西部地区	广西、四川、贵州、云南、西藏、陕西、甘肃、宁夏、青海、新疆

　　1998—2005 年，东部地区在污水处理设施建设方面批准的总投资和项目数量最多，分别为 1 116 亿元和 823 个，占全国批准总投资的 40%，但国债投资比例仅 19%，在 3 个地区中最低，表明东部地区的污水处理设施建设更多地依靠地方政府和其他资金的支持。与东部地区的情况类似，国债对于直辖市的投资逐年减少。但直辖市和东部地区的项目数量较多，因此国债资金在该地区的总投资规模较为可观。国债资金在中部地区的投入较为稳定。西部地区获得的资金量有所增加，占国债总额的比例也在逐渐提高。尤其是 2005 年，无论是资金量还是占国债总额的比例都出现了大幅上升，跃居国债资金使用量的首位。总的来说，国债资金长期以来给予东部地区极大的关注，虽然重心逐渐转移向中西部，但对中部地区的支持较为薄弱（图 2-4、图 2-5）。

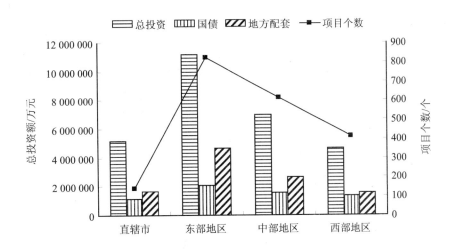

图 2-4　污水处理设施建设领域国债与其他资金区域安排情况

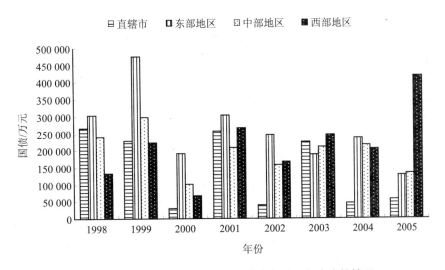

图 2-5　污水处理设施建设领域国债在各地区年度安排情况

（3）国债资金投资城市类型分析

从城市类型来看，1998—2005 年，72%的国债资金都流向了地级和地级以上城市；其中，项目数量共 1 037 个，超过县级市和县城及以下项目的总和；投资规模达 2 080 亿元，远远超出县级市的 387 亿元和县城及以下城市的 330 亿元（图 2-6）。地级和地级以上城市、县级市、县城及其他城镇获得的国债资金占各自批准投资额的比例分别为 21%、23%和 26%，地方配套资金与国债资金比分别为 1.78：1、1.77：1 和 1.18：1；多年来地级和地级以上城市的国债资金中，中央拨款与转贷地方国债资金比为 1.25：1，地级以下城镇则高达 1.9：1。总体来说，国债资金对小城镇采用了倾斜政策，但是力度仍然有限。

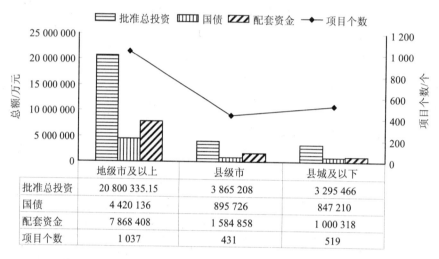

	地级市及以上	县级市	县城及以下
批准总投资	20 800 335.15	3 865 208	3 295 466
国债	4 420 136	895 726	847 210
配套资金	7 868 408	1 584 858	1 000 318
项目个数	1 037	431	519

图 2-6　污水处理设施建设领域国债在各类城市中的安排情况

表 2-3 反映出国债资金主要流向发达城市。由于中央政府调整了国债资金的主要投资方向，加强投资欠发达城市，市辖区人均 GDP 在 1 万～1.5 万元水平段也有较多的城市在 2003—2005 年获得了国债资金支持，国债资金投资总额和平均每个城市获得的国债资金均较多。从国债占总投资的比例以及地方配套资金与国债资金的比值来看，欠发达城市并没有得到明显的优惠，只是经济最发达的少数城市由于自身财力强大，在资金配套方面表现比较突出。尽管如此，从中央拨款与转贷地方资金的比值可以看出，欠发达城市得到了较多的中央拨款支持，减轻了这些城市的还款负担。

表2-3　国债资金按城市经济水平分布情况

市辖区人均 GDP/10^3元	<7	7～10	10～15	15～18	18～23	23～30	30～40	>40
国债/亿元	21.38	23.22	91.40	35.62	50.76	77.63	122.36	74.70
平均每市的国债/亿元	0.65	0.65	1.69	1.15	1.37	2.22	3.95	3.25
国债占总投资比例/%	8.55	12.44	13.63	14.27	14.76	11.30	13.53	7.97
地方配套与国债资金比	1.89	1.63	1.30	1.66	1.71	1.62	1.70	2.42
拨款与转贷资金比	2.17	2.19	2.37	1.40	1.94	1.23	1.09	0.38

综合国债总额和平均每个城市获得的国债资金量两个指标发现，国债资金对人口规模

超过 500 万的特大和巨型城市特别青睐，尤其是直辖市（表 2-4）。地方配套资金的情况在不同规模的城市中差别不大，但国债资金占总投资的比例以及中央拨款与转贷地方资金比值反映出国债资金使用上对中小城市比较优惠。

表 2-4　城市污水设施建设国债资金按人口规模分布情况

2004 年市辖区人口规模/万人	<50	50～100	100～200	200～500	≥500
国债/亿元	41.20	117.18	127.36	80.63	130.72
平均每市的国债/亿元	0.65	1.08	1.74	2.99	16.34
国债占总投资比例/%	16.35	13.61	11.41	9.86	11.06
地方配套与国债资金比	1.41	1.67	1.73	2.41	1.44
拨款与转贷资金比	2.06	1.74	0.98	1.01	1.18

总体来说，虽然这部分数据局限于 1998—2005 年，但还是可以发现很多国债资金使用上的特征。在这一阶段，国债资金主要流向了东部地区、发达城市和大城市。但资金使用上，对西部地区、欠发达城市和中小城市提供了较优惠的政策，包括国债资金在总投资中的比例较高、地方配套要求较低以及中央拨款（免还本息）比重较大等方面。

2.2.5.2　国债在垃圾处理领域的投资情况分析

（1）总体情况分析

1998—2005 年，中央政府为改善城市垃圾处理基础设施建设落后的状况，累计批准总投资 409 亿元，其中国债资金 58 亿元，地方配套 125 亿，各占批准总投资的 14% 和 31%，国债资金与地方配套投资的比是 1∶2.14，用于全国 31 个省（区、市）576 个垃圾项目的建设。平均每个项目的国债资金使用规模是 1 014 万元。

由于国债资金的支持，部分城市垃圾处理设施建设问题得到了极大的改善。由于上报项目信息不全，基于所有有效数据，统计得出新增垃圾处理能力 120 456 t/d；改扩建垃圾处理能力 530 t/d、续建 3 760 t/d，建设情况不清 58 985 t/d，实际值要高于这一结果。

1998—2005 年，国债在垃圾处理设施建设领域总体呈逐年上升趋势（图 2-7），项目个数亦基本呈上升态势，显示出我国在垃圾处理设施建设领域的支持力度逐年加大。

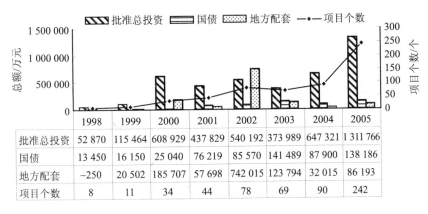

图 2-7　垃圾处理设施建设领域国债与其他资金年度安排情况

（2）区域投资特征分析

采用与污水处理领域国债资金使用情况相同的区域分组方式，分析表明国债资金在直辖市的投资力度最大，达19亿元，占国债资金总额的33%，而项目个数最少（68个）（图2-8、图2-9），说明直辖市的垃圾处理设施建设项目应用国债资金的数额较大，平均每个国债项目的国债资金达2 813万元。直辖市中重庆市所占比例最大，项目个数达到53个，占直辖市总项目个数的78%，使用国债资金15亿元，占直辖市国债资金总额的78%，显示中央在安排国债资金时对重庆市的重点支持。

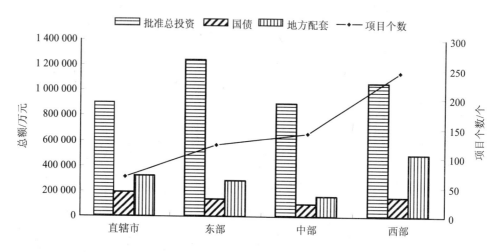

图 2-8　垃圾处理设施建设领域国债资金区域安排情况

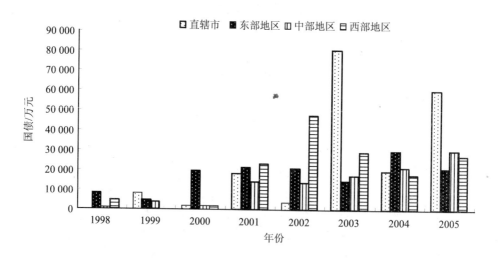

图 2-9　垃圾处理设施建设领域国债在各地区年度安排情况

（3）国债资金投资城市类型分析

根据数据统计，国债投资涉及全国65%的地级以上城市共192个，项目个数为地级及以上城市315个、县级市105个、县城及以下156个，分别占总项目个数的55%、18%和

27%（图 2-10），地级及以上城市、县级市和县城及以下行政区划分别占总国债资金的 67%、8%和 25%，显示中央政府在安排国债资金时倾向于地级市、直辖市与副省级城市，县级市安排国债资金最少，项目个数也最少。

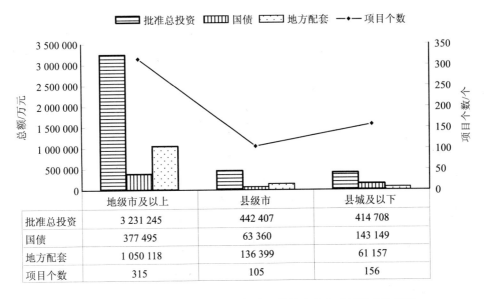

	地级市及以上	县级市	县城及以下
批准总投资	3 231 245	442 407	414 708
国债	377 495	63 360	143 149
地方配套	1 050 118	136 399	61 157
项目个数	315	105	156

图 2-10　垃圾处理设施建设领域国债与其他资金行政区域安排情况

2.2.5.3　国债资金的优点与局限性

国债资金的主要优点体现在长期性和低成本两个方面。对于地方政府来说，国债资金使用成本低（甚至是零成本），还款期限长，部分资金甚至不需要偿还；对于中央政府来说，国债资金能够把社会闲散资金集中起来支持基础设施建设工作，直接实施中央政策，引导投资并支援落后地区的建设与发展。

同时，国债资金在支持环境基础设施建设上也不可避免地存在一些局限性。例如，国债资金的使用受国家宏观经济政策的影响较大，这从近十几年来我国国债整体发行规模的变化上就可见一斑：1998 年国债大规模增发，2002 年开始有所减少，此后 2008 年中央政府再次大量使用国债资金投资基础设施建设。

从资金使用效率上来说，国债资金与社会资本投资之间的协调性存在一定的问题。国债资金一定程度上对社会资本形成了"挤出效应"，尤其是"四万亿元"投资在污水处理基础设施建设方面造成了"国进民退"的现象，这与国债对社会资金的引导作用相冲突。此外，资金使用管理方面尚存在一些欠缺，尤其是由融资主体和使用主体不一致带来的责权不统一的问题，一定程度上滋生了国债资金使用过程中资金浪费、权利寻租等问题。

2.2.6　社会资本进入环境基础设施领域的重要方式——项目融资

项目融资是指无追索权或有限追索权的融资结构，以项目资金及其收益作为还款资金来源，项目资产为抵押条件。目前我国环境基础设施项目中应用广泛的 BOT（Build-Operate-Transfer，建设—运营—移交）即为项目融资的一种重要形式。BOT 最初在 1984 年由土耳其总理奥扎尔首创，是无追索权或者有限追索权的融资或贷款，也就是以项目的未来现金流和资产为抵押的一种贷款模式，广泛应用于各种基础设施项目建设。

许多机构和学者对 BOT 有过深入的研究。世界银行给出的定义是，政府给予某些公司新项目建设的特许权，私人合伙人或某国际财团愿意自己融资、建设某项基础设施，并在一定时期内经营该设施，然后将此移交给政府部门或其他公共机构。BOT 至少还包括 BOOT（Build-Own-Operate-Transfer）、BOO（Build-Own-Operate），以及实践发展而来的其他类似投资形式如 DBFO（Design-Build-Finance-Operate）等。这些形式上区别并不大，所以人们也把这一类项目总称为 BOT 项目，即广义的 BOT 项目。

在过去的 10 多年里，我国地方政府与社会资本合作投资建设了很多 BOT 项目。从本质上讲，这些 BOT 项目大多并不是国际融资领域里所说的真正的 BOT 项目，因为这些项目尽管具有"建设—运营—移交"的过程，但不具备有限追索或无追索的特性。因此，也有部分专家建议将这种方式叫"准 BOT"，这种区分将有助于业内的沟通和交流，尤其是国际交流。

客观来说，"准 BOT"是一种创新，比较适合我国国情。为了安排有限追索权，BOT 项目的前期费用较高，只有规模较大的项目才适合做 BOT。"准 BOT"回避了有限追索权的问题，简化了项目结构，适合中小项目融资。而且，国内大多数商业银行没有有限追索融资的经验，实施"准 BOT"方式也是目前国内资本市场条件下的选择。由于准 BOT 不具备有限追索的特性，项目贷款就是发起人贷款，因此项目贷款需要计入发起人的资产负债表，从而限制了发起人的再融资能力。我国国内的 BOT 其实绝大多数都属于这种"准 BOT"。

经过多年的实践，我国环境基础设施建设领域的 BOT 指的是地方政府通过特许经营权协议，授权项目发起人（包括外资和内资）联合其他投资主体为该项目成立专门的项目公司，负责该项目的投融资、设计建设和运营维护，由地方政府向项目公司按照合同约定的处理价格进行支付，从而实现项目公司偿还贷款、收回本金和获得合理收益的目的。特许经营期满后，项目公司将项目资产无偿移交给地方政府。

我国当前环境基础设施市场化的主流模式是 BOT 模式，主要原因是我国过去的环境基础设施建设严重不足，目前仍处于建设为主的阶段。除了 BOT 模式以外，环境基础设施市场化还有以下几种主要模式（表 2-5）：

☞ TOT 模式：地方政府为了盘活存量资产，以取得更多的资金用于其他基础设施建设，TOT（Transfer-Operate-Transfer）模式也逐渐在污水处理行业中有所应用，包括常州市城北污水处理厂、杭州市七格污水处理厂、合肥市王小郢污水处理厂、长沙市第二污水处理厂等项目。

☞ 管理租赁模式：也包括运营维护（O&M）合同模式，其主要特点是通过运营主体市场化来提高污水处理厂的运营效率，典型项目有深圳市龙岗区的龙田和沙田污水处理厂、广州市西郎污水处理厂等项目。

   ☞ 公私合作模式：该模式的主要特点是通过股权转让和资本运作，从产权的角度出发来进行市场化改革，典型的有排水集团或实行供排水一体化后的水务集团产权改革，如深圳水务集团、厦门水务集团等；此外还有单个污水处理厂的产权转让合作项目，如 2006 年 4 月成立的临沂首创水务有限公司，其前身是临沂市污水处理厂，项目投资者是北京首创股份有限公司。

   ☞ 国有企业模式，指事业单位改企业，对象包括传统水务集团、污水处理厂的体制改革，主要特点是在实行企业化后，公司能够自负盈亏，政府根据具体情况对其进行适当补贴，如北京排水集团。

表 2-5　环境基础设施市场化模式分类

特许经营模式	模式名称	特征
竞争性 特许经营	BOT 模式	由社会资本新建并运营，到期后无偿移交
	TOT 模式	转让给社会资本并运营，到期后无偿移交
	管理租赁模式	所有产权保留在政府，经营权通过竞争转让
专营性 特许经营	公私合作模式	国有资产与社会资本合作，属于股权收益关系
	国有企业模式	完成企业化改制，实现政资分开、政企分开

在上述模式中，BOT 模式、TOT 模式和管理租赁模式属于竞争性特许经营，需要通过竞争获得经营权，在水务领域中还有水系统整体特许经营模式。另外的两种模式，即公私合作模式和国有企业模式属于专营性特许经营，产权的转让竞争不等同于经营权竞争，所以这种模式缺少经营权准入竞争环节。除此之外，专营性特许经营还有私有化模式，国际上比较典型的是英国的水务私有化。

我国于 2002 年开始了市政公用设施建设的市场化改革，自此，社会资本在我国城镇环境基础设施建设中发挥了重要的作用。

2.2.6.1　社会资本参与城镇污水处理设施建设

在我国，由社会资本参与投资和建设的污水处理项目在过去 10 年中呈总体上升趋势。从历年竣工项目中社会资本项目所占比例来看，自 2002 年我国开启市政公用行业的市场化改革以来，社会资本项目所占比例不断上升，并于 2005 年达到最高点。随后，社会资本项目所占比例出现回落，稳定在 30%～45% 的水平。根据我们的调研统计，整体来看，截至 2012 年年底，我国投运的 2 782 座城镇污水处理设施中约有 1 131 座由社会资本参与投资建设，在全部污水处理厂中所占比例约为 41%（图 2-11）。

从项目模式来看，我国社会资本参与污水处理项目建设的方式呈现多元化特征（图 2-12）。其中 BOT 是我国污水领域社会资本参与最常用的模式。截至 2012 年年底，竣工的 BOT 项目约为 862 个，占社会资本项目总数的 76.3%；TOT 项目数量约为 186 个，占 16.5%；除此之外，股权转换、收购并购等模式也占有一定的比例。

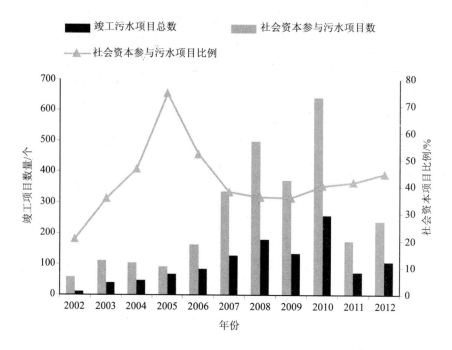

图 2-11　我国历年社会资本污水处理项目竣工数量

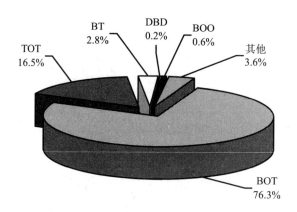

图 2-12　社会资本污水处理项目的主要模式（2002—2012 年）

　　从项目规模来看，社会资本主要投资于日处理能力 5 万 t 以下的污水处理设施，约占所有项目的 60%，其中又以 2 万～5 万 t 规模的污水处理项目为主（图 2-13）。截至 2012 年年低全国近 1 131 个社会资本参与投资运营的污水处理厂中，日处理能力大于 20 万 t 的大型处理项目有 57 个，多位于大中型城市。

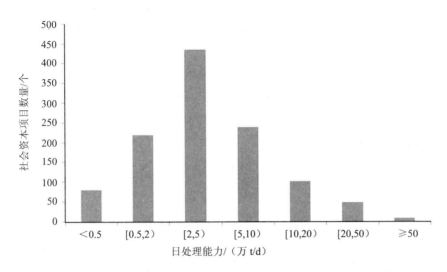

图 2-13　社会资本污水处理项目的日处理规模分布（2002—2012 年）

2.2.6.2　社会资本参与城镇垃圾处理设施建设

从历年竣工项目中社会资本参与的项目所占比例来看，自我国开启市政公用行业的市场化改革以来，社会资本项目所占比例呈明显的上升趋势。我国城镇生活垃圾处理领域中社会资本参与的项目所占比例与城镇污水处理领域相比明显较小。虽然生活垃圾处理行业的市场化程度不及污水处理行业，但其增长速度较为可观。这一现象与生活垃圾焚烧工艺的可接受程度有关。近年来，社会资本正活跃地参与到城镇生活垃圾焚烧设施的建设和运营当中，最近几年竣工的社会资本项目所占比例为 60%～90%。截至 2012 年 12 月，我国 168 个城市生活垃圾焚烧项目中有约 75% 为社会资本参与项目，这些项目中 BOT 模式所占比例很高，而且焚烧设施建设项目越多，社会资本参与的比例就越高（图 2-14）。

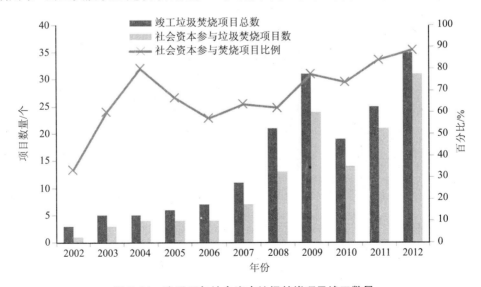

图 2-14　我国历年社会资本垃圾焚烧项目竣工数量

从项目模式来看，社会资本参与垃圾处理建设项目的模式呈现多元化特点（图2-15）。其中，BOT 也是我国生活垃圾处理社会资本项目中最常用的模式。截至 2012 年年底，竣工的 BOT 项目数量为 109 个，占社会资本项目总数的 87%；TOT 项目数量为 9 个，占 7%；BOO 项目数量为 5 个，占 4%。

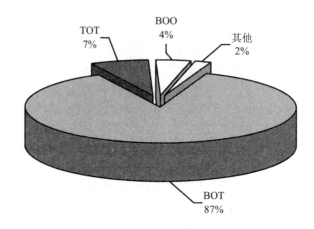

图 2-15　社会资本垃圾处理项目的主要模式（2002—2012 年）

从项目规模来看，社会资本主要投资于 500 万 t/d 规模以上的垃圾处理项目（图2-16）。考虑到规模效应，处理规模较小时往往会导致较高的单位建设和运营成本。因此，大部分社会资本在参与垃圾处理处置设施建设和运营的过程中倾向于选择一定规模以上的项目，且集中在焚烧工艺这种投资额高、技术要求高的项目。

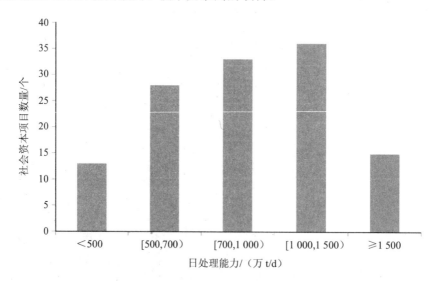

图 2-16　社会资本垃圾处理项目的日处理规模分布（2002—2012 年）

2.2.6.3　社会资本投资的优点与局限性

社会资本通过 BOT、TOT 等方式为我国环境基础设施建设带来了丰富的资金，并已超过了国际金融组织同期为我国环境基础设施建设提供的贷款额度。国务院发布的《关于2009 年深化经济体制改革工作的意见》（国发[2009]26 号）和《关于鼓励和引导民间投资健康发展的若干意见》（国发[2010]13 号）等文件进一步表明了我国政府坚持环境基础设施行业市场化改革的态度。可以预见，随着市场化改革的进一步推进，社会资本投资将为我国环境基础设施行业的发展起到更大的推进作用。

社会资本投资我国环境基础设施建设具有显著优点，包括能够提供丰富的资金来源；BOT 等模式使政府短期内筹资建设环境基础设施转变为分期支付；项目的公开招标实际上为行业引入了竞争，有利于降低建设与运营成本、实现行业的健康发展。总之，社会资本参与我国环境基础设施建设对于解决我国环境基础设施建设资金缺口、减轻政府集中出现的财政负担并提高环境基础设施运营效率等具有重要意义。

但同时应当注意到，社会资本在环境基础设施领域的投资也有很多前提条件和一定的局限性，这主要表现在以下几个方面：

第一，社会资本投资要求地方政府具有足够的市场化意识。作为地方环境基础设施建设的实际推动者和管理者，地方政府对于项目投融资模式的选择具有主导作用。选择社会资本投资作为当地环境基础设施建设的模式，要求地方政府具有改革和市场化运作的意识。然而，目前依然有一些地方政府市场化意识薄弱，一些项目也受政府换届等政策风险的影响而搁浅。

第二，社会资本投资对地方的投资环境具有较高要求。企业作为自负盈亏的投资主体，本质上具有逐利性。同时，民营社会资本企业与大型国有企业相比融资能力有限，因而对投资环境具有更高的要求。投资环境不佳的地区往往难以吸引社会资本的投资。

第三，社会资本的投入要求合理的利润回报机制。由于企业的逐利性，项目的利润回报机制是投资企业考虑的重要因素。这往往要求项目所在地具有较完善的污水、垃圾处理收费制度，或政府具有足够的财政实力，以对项目投资企业进行补贴。

第四，社会资本项目要求管网等硬件环境的支持。目前，污水设施领域的企业投资一般只限于污水处理厂，配套管网的建设往往由当地政府负责。管网建设的缺失，将无法保证污水处理厂的进水量，导致污水处理厂的运营面临有厂无水的尴尬局面。

第五，社会资本项目需要细致的前期项目准备。项目的前期准备和谈判阶段需要较多费用，咨询费用较高，同时项目运作周期长、过程复杂等，需要详细的结构设计，对于小型项目尤其如此。

第六，由于企业对投资回报的要求、地方政府在准入竞争环节的寻租行为等因素都有可能使环境基础设施建设与运营的整体成本高于政府投资，这点需要政府在模式选择和招投标环节调整支付企业的处理费用，在项目监管时代表公众利益有效控制成本。

2.3 环境基础设施建设投融资国际实践——以污水处理基础设施为例

2.3.1 日本——财政投资+市政债券模式

2.3.1.1 日本污水处理设施建设的责权分析与发展历程

（1）日本污水处理设施建设责权分析

经过长时期的建设，日本目前已经在全国范围内建立了相对完善的污水处理体系。日本的污水处理设施分为：下水道事业（集中式规模化污水处理设施）、净化槽（分散式处理设施）、农业/渔业村庄排水设施。各类设施根据领域的不同分别由国土交通省、环境省等部门负责主管，地方政府负责具体项目的建设与维护（表2-6）。其中下水道领域是日本污水处理设施建设最主要的领域，分为流域下水道、公共下水道等不同部分。目前下水道的普及人口占到日本污水普及人口的85%以上。此外净化槽、农业集落排水设施等也是日本污水处理系统的重要组成部分。

表2-6 日本污水处理设施类型与事业主体

类别	负责部门	适用区域	事业主体	规模
流域下水道	国土交通省	跨2个以上行市町村政区	都道府县	10万人口以上区域或5万人口以上且跨3个市町村
特别环境保全公共下水道	国土交通省	农田、山、渔村自然保护区	市町村	1 000～10 000人
区域排水设施	环境省	下水道事业计划区域外	市町村	101～30 000人
公共下水道	国土交通省	市町村	市町村	无特别限制
农业集落排水事业	农林水产省	农业振兴区域内的农业集落	市町村	20户以上、1 000人以下
渔业集落排水事业	水产厅	指定渔港的渔业集落	市町村	100～5 000人
林业集落排水事业	林业厅	林业振兴地域等林业集落	市町村、林协等	1 000人以下
净化槽设置整备事业	环境省	下水道事业计划区域外等的区域	市町村（设置者为个人）	无特别限制
净化槽市町村整备推进事业	环境省	下水道事业计划区域外等生活污水处理需求较急的区域	市町村	20户以上
个别排水处理设施整备事业	总务省	对于生活污水治理需求紧迫的地域等	市町村	10～20户

（2）日本污水处理设施建设的发展历程

下水道事业的发展

日本的污水处理事业从20世纪50—60年代开始起步，适用于大城市及人口密集区域的集中式规模化污水处理设施（下水道事业）建设得到全面推进。

1958 年，日本通过了旨在推进下水道事业发展的《下水道法》。1963 年，日本政府公布了《生活环境设施整备紧急措施法》，并于当年开始了"第一个下水道整备 5 年计划"。1970 年召开的被称为"公害国会"的日本第 64 次国会会议中，水质净化、水质保护成为日本社会发展的重要领域之一，日本的污水处理事业开始步入全面发展阶段。

经过 50 多年的发展之后，日本下水道人口普及率从 1963 年第一个五年计划开始初期的 7% 达到了 2008 年的 73%（图 2-17）。

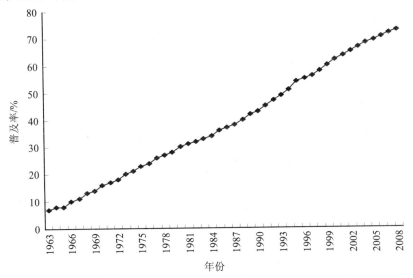

图 2-17　日本下水道人口普及率的变化（1963—2008 年）

净化槽事业的发展

在日本，净化槽主要应用于排水管网难以覆盖、污水无法纳入集中处理设施统一处理的偏远地区。1983 年日本通过了规范性法规《净化槽法》，并于 1985 年开始实施。

净化槽是集中污水处理设施的重要补充，具有适用范围广、投资少、见效快的特点。经过 20 多年的发展，日本的净化槽事业得到了全面的推进。近年来日本的净化槽推广率呈稳中略升的态势，到 2008 年覆盖人口达到约 9%。2009 年日本环境省出台了指导今后净化槽领域发展的纲领性文件《净化槽 Vision》，在进一步推进政府补贴的同时，明确适宜推广净化槽的区域，有重点地推进净化槽事业的整体发展。

日本全国污水处理率的提升

2000 年以后，日本在已经初步建立了污水处理体系的基础上，继续通过中央拨款等方式推进污水处理设施建设。其中下水道的建设稳定增长，净化槽、农村集落排水设施等污水处理设施建设在近 10 多年来也得到了持续发展。2008 年日本全国污水处理人口普及率达到 85%，其中下水道和净化槽占据了主要份额（图 2-18），而百万人口以上的大都市的污水处理率更高于全国平均值，接近 100%。

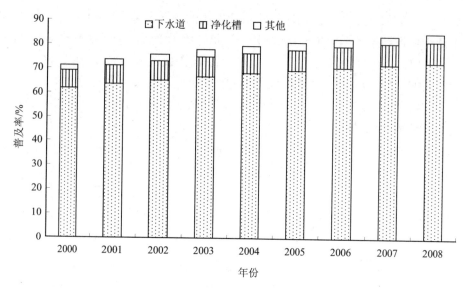

图 2-18　2000—2008 年日本污水处理人口普及率的变化

2.3.1.2　日本污水处理设施建设的资金机制

（1）主要资金来源

日本污水处理设施建设的主要资金来源是中央及地方各级政府的直接拨款和市政债券，其中市政债券是地方财政拨款的重要补充。

日本的市政债券分为地方公债和地方公企业债两种。地方公债是日本市政债券的主体，但是用于污水设施建设的主要是地方公企业债。根据日本《地方自治法》第 250 条规定，日本市政债券的发行、规模、利率、期限、偿还方式以及所筹集资金的具体用途等，都必须经过中央政府有关部门的严格审批。这种做法对于地方政府而言，其自主程度与中央政府发行国债后把获得的资金转移给地方使用的做法差别不大。于是，日本市政债券管理方法的最大好处就是减轻了中央政府的债务负担。

（2）资金分配机制

日本污水处理基础设施建设的投资高峰出现在 20 世纪 90 年代后期。随着大规模建设期的结束，近年来投资额在逐步下降。

1）下水道建设的资金分配机制

1963 年日本政府公布《生活环境设施整备紧急措施法》后，负责下水道事业的国土交通省连续制定了 8 个"下水道整备五年计划"，全面推进相关污水处理设施建设的发展。截至 2002 年第八个五年计划结束时，日本政府在下水道建设领域累计投入资金逾 70 万亿日元，污水处理的人口普及率已经达到 65%，基本实现了整体规划的既定目标，表 2-7 为日本"下水道整备五年计划"的投资情况。

表 2-7　日本 8 个"下水道整备五年计划"的投资情况

下水道整备五年计划	计划额/亿日元	实际投资额/亿日元
第一个五年计划（1963—1967 年）	3 960	2 631
第二个五年计划（1967—1971 年）	9 300	6 178
第三个五年计划（1971—1975 年）	26 000	26 241
第四个五年计划（1976—1980 年）	75 000	68 673
第五个五年计划（1981—1985 年）	118 000	84 781
第六个五年计划（1986—1990 年）	122 000	115 511
第七个五年计划（1991—1995 年）	165 000	166 543
第八个五年计划（1996—2000 年）	237 000	246 462

2003 年以后，随着日本国内污水处理率尤其是城市污水处理率的普遍提高，日本政府持续实施多年的"下水道整备五年计划"告一段落。下水道处理领域的投资被纳入"社会资本建设重点计划"。2003—2009 年连续 7 年各年度事业预算总额与 1996—2000 年度的第八个五年计划时期相比，投资额度明显下降，投资重点也从新设施的建设转向新技术的引进及老旧设备的维护更新，图 2-19 为 2003—2009 年下水道领域的投资预算额。

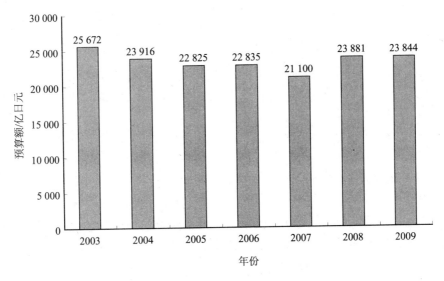

图 2-19　2003—2009 年日本下水道领域的投资预算额

资料来源：日本国土交通省。

公共下水道建设项目

目前日本公共下水道的建设费用主要来自各级政府，受益居民仅分担项目总额的 5% 左右。

公共下水道设施的建设分为国库补贴和非补贴。国库补贴对象包括污水处理厂、主干管网、泵房等主要设施和设备建设。中央政府以国库补贴的形式负担这部分项目额的 50%。

其余的 50%中，有 45%由地方政府通过地方财政、市政债等方式进行筹措，剩余 5%来自于下水道所在区域的受益者缴纳的"受益者负担金"（这里的受益者主要是指该土地的所有者）；非补贴部分主要包括末端管网等设施，这部分资金主要由地方政府负责筹措，约占 95%，剩余部分来自于"受益者负担金"。

流域下水道建设项目

流域下水道的全部建设费用均由中央及各级政府分担。

与公共下水道相同，流域下水道建设也分为国库补贴和非补贴两部分。对于国库补贴对象，中央政府以补贴形式，根据具体情况负担项目额的 1/2 或 2/3，剩余部分由"都道府县"及"市町村"两级地方政府共同分担。非国库补贴部分的建设费用由地方政府自筹解决，日本下水道建设资金来源见表 2-8。

表 2-8 日本下水道建设资金来源

下水道建设	设施分类	中央政府	地方政府	受益居民
公共下水道	国库补贴部分：污水处理厂、主干管渠、泵房等	50%	45%	5%
	非国库补贴部分：末端设施	—	95%	5%
流域下水道	国库补贴部分	30%～50%	50%～70%	—
	非国库补贴部分	—	100%	—

下水道运营管理费用

下水道运营管理费用可分为下水道的维持管理费及资本费[1]两部分。运营管理费主要来源于受益者交纳的污水处理费和政府财政，其中维持管理费用的全部或大部分来自于污水处理费用，而资本费主要来自污水处理费和财政两部分。目前日本的污水处理费征收水平为 133 日元/t[2]，采取基本使用费加超额使用费[3]的方式进行核算。各地方根据实际情况又有所调整。

2）净化槽的建设费用。

日本的净化槽建设主体分为个人和地方政府两种不同模式。个人为主体的净化槽建设是居民基于自身需求的自发行为。而地方政府为主体的净化槽建设是地方政府根据区域发展及规划开展的建设项目。其建设费用根据具体情况由地方政府、中央政府及受益者分摊。

建设主体为地方政府的建设项目

地方政府作为项目发起方承担主要建设费用。这类项目中，中央政府、地方政府和受益居民分别负担项目费用的 33%、57%、10%（表 2-9）。

建设主体为个人的建设项目

对于这类项目，建设项目的发起者是主要出资方，满足一定条件的净化槽项目能够获

---

① 指下水道处理设施建设时发行的地方债的偿还。

② 2007 年日本全国平均值。

③ 10 t 以上征收超额使用费。

得中央政府及地方政府补贴形式的资金支持。

净化槽所需满足的条件包括：BOD 去除率 90% 以上，出水 BOD 在 20 mg/L 以下等。

政府的补贴额度可达到总投资额的 40%，这 40% 中的 1/3 来自国库补贴，剩余 2/3 来自地方政府，且各地方的财政状况不同，补贴力度也有所不同（表 2-9）。

表 2-9　日本净化槽建设资金来源

净化槽建设	分类	中央政府	地方政府	受益居民
以政府为主体	—	33%	57%	10%
以个人为主体	符合补贴标准类	12%	28%	60%

社会资本的进入

以地方政府为主体的净化槽建设项目，其资金原则上来自于各级政府拨款。但 1999 年日本政府颁布《促进社会资金进入公共设施建设相关法律》（PFI 法）后，日本政府对社会资本在公共基建事业领域的投资政策进行调整，近年来出现了社会资本参与污水设施建设投资的新动向。如岩守县的紫波町、三重县的纪宝町等地区均已出现了引进社会资本开展净化槽建设的案例。但总体而言在包括净化槽在内的日本污水处理基础设施建设运营领域，社会资本的比重很小，相关企业投资仍主要集中在设备生产、工程建设、运营等领域。

2.3.2　美国——市政债券

市政债券是美国污水设施建设的重要融资渠道，其最大的作用是分担了美国各级政府的资金压力。通过发行市政债券，美国地方政府集合了各类非政府资金投入污水基础设施建设领域。美国水务公共事业领域（含供水、污水管网与处理设施建设以及河道疏浚等流域治理等）每年的建设性投资需求约 2 300 亿美元，其中 85% 来自市政债券投资；虽然这些投资主要集中于供水领域，但城市污水处理厂建设领域的市政债券筹资也占总建设投资的 5%～16%，而且近年来该比例有迅速扩大的趋势。在美国污水基础设施领域，市政债券成为政府投入的一个重要市场补充。

（1）资金的来源与去向

美国市政债券资金的最初来源是各类投资者，通过发行人的组织和桥梁作用，最终流向债券使用者。

这里的投资者包括银行、保险公司和个人投资者。其中个人投资者除了以个体方式进行市政债券投资外，还会通过基金和信托等方式进行投资。发行人包括州及地方政府以及他们的代理机构和授权机构。由于具有征税能力，政府所拥有的发行债券的权力大小和还款方式与其代理机构或授权机构存在一定的差别。债券的使用者包括政府、公共项目、私人项目及其他可使用市政债券的项目。美国市政债券资金流动示意图见图 2-20。

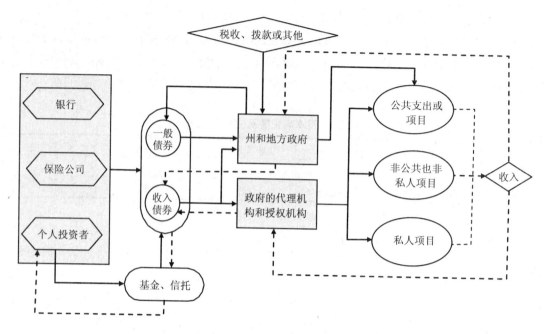

图 2-20 美国市政债券资金流动示意图

（2）市政债券类型

根据债券发行过程中担保事项的差别，美国的市政债券分为一般债券（General Obligation Bond，Go bond）和收入债券（Revenue Bond），其区别见表 2-10。

表 2-10 一般债券与收入债券的区别

项目 \ 市政债券类型	一般债券	收入债券
担保事项	政府的一般征税权力，"双重担保债券"同时以规费、拨款和专项收费作担保	某些政府事业的收入，如水费、电费等
发行人	只能是有权征税的政府	政府或其代理机构和授权机构
本息偿还源	税收及其他一切收入	用于债券承诺的用于还本付息的收入

美国在 20 世纪 70 年代，收入债券的发行量已经超过了一般债券，主要原因是政府活动很大程度上转向依靠服务收费。这样，收入债券发行的针对性和还本付息源的专一性特点就得到了更好地发挥。

（3）税收政策

为了让市政债券实现服务公众的目的，美国对投资者通过市政债券获得的利息收入实行分类收税政策。根据 1986 年的《税收改革法案》（Tax Reform Act），按市政债券的发行目的进行税收分类。公共目的债券，利息收入完全免税；私人目的债券，利息收入需缴联邦所得税，但可以免缴债券发行所在州和地方政府的所得税；既非公共目的又非私人目的的（如住宅和学生贷款等），也完全免税，但发行数量受限，且这类利息收入属于选择性最低税收的优先项目。目前绝大多数市政债券是用于公共目的的免税债券。

利息收入免税可以降低投资者对利率的要求，从而间接降低市政债券的发行成本，减轻市政公用事业的融资负担，促进其发展。

（4）美国市政债券的管理

市政债券市场中涉及的主体，除了发行人、投资者、债券使用者以外，还包括从业人员、评级机构和监管机构。从业人员指负责承销、交易、研究等工作的人员和机构；评级机构目前在美国主要有穆迪、标准普尔、菲特、达夫·菲浦斯四家公司；监管机构则包括市政债券条例制定委员会（MSRB）、证券交易委员会（SEC）、全国证券交易商协会（NASD）的相关部门及自营银行的有关监管部门。

市政债券的发行和流通基本是通过市场进行调节，政府部门不需要全面介入管理，但其监管责任因此更加突出。其监管手段主要有以下四个：

- ☞ 法律约束。1934 年《证券交易法》中的反欺诈条款对市政债券具有约束力。
- ☞ 监管方案。1975 年组建市政证券条例制定委员会，对市政债券进行全面监管。由它提出监管方案并进行意见征询。
- ☞ 监管方案的审批。监管方案的最终批准由证券交易委员会负责。
- ☞ 监管的实施和控制。监管方案的具体实施和控制完全由全国证券交易商协会及自营银行的有关监管部门负责。

由此可见，美国市政债券的监管是一个多方合作和互相监督制衡的体系，有利于监管措施的合理化和落实。

（5）美国市政债券的成功要素

从上述监管体系可以看到，美国市政债券的成功有赖于切实有效的第三方监督。不仅有市政债券市场的监管者，也有监管者的监管者，或者形成监管者之间的制衡。

除此之外，其他看似与市政债券没有直接关系的管理体制和文化，实际上是其市政债券运作良好的有力保障。

- ☞ 公众听证会制度。美国地方政府在市政债券发行前一般都要召开公众听证会。一方面是因为市政债券发行筹集的资金主要用于公共事业领域，与公众切身利益密切相关；另一方面，也是最重要的方面，就是市政债券的还款资金来源是税收或政府（公共）事业的收入，这些都来自于公众，必须对公众负责。
- ☞ 对地方官员的监管制度。美国地方官员通过选举产生，其债券发行行为也将受到选票的强力约束。
- ☞ 财政透明度高。美国在财务透明度上表现较好，一般来说，公众至少能获得财政的现金制报告和信息披露，有的州甚至采用应计制①报告财政状况。

2.3.3 美国——清洁水州立滚动基金

在投资污水处理设施建设方面，美国是一个政府主导的典型，除了小比例的私人部门参与以外，基本由政府通过转移支付、清洁水州立滚动基金（Clean Water State Revolving

---

① 应计制原则又称为权责发生制原则，是指按照权责关系的实际发生期间来确认、计量收入和费用的会计核算原则。它是时间上规定会计确认的基础，按收入的权利和支出的责任是否属于本期来确认收入、费用的入账时间。此原则能够更加准确地反映特定会计期间真实的财务状况及经营成果。

Fund，CWSRF）和市政债券等方式进行投资。其中后两者通过基金和市政债券两类金融工具的合理运用，创造了污水设施建设投融资的成功案例。其中 CWSRF 是美国污水领域的政策性基金，是于 1987 年随《清洁水法》（Clean Water Act）修订案的颁发而建立的美国环保局（USEPA）下属的基金计划，目的是为美国全国的水环境治理和保护工程提供一个长期的资金来源。目前美国 51 个州都已经建立了 CWSRF 的分支机构。

CWSRF 的资金流动包括资金的来源、去向、流动/援助的方式等（图 2-21）。

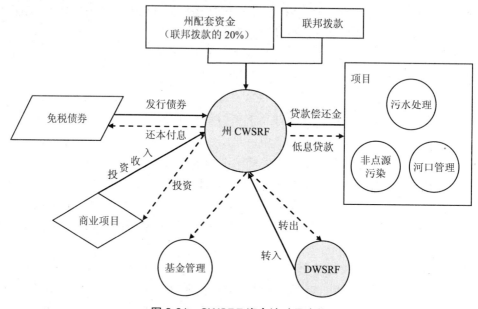

图 2-21 CWSRF 资金流动示意图

资料来源：根据 EPA 网站整理

注：DWSRF 是 Drinking Water State Revolving Fund（饮用水州立滚动基金）的简称

（1）资金来源组成

CWSRF 的资金来源主要有 5 个，分别是联邦政府拨款、州政府配套资金、收入免税债券（Tax-exempt Revenue Bond）的收益、贷款偿还金、基金投资收入等，偶尔也有从清洁水州立滚动基金转入的资金。

其中，联邦拨款和州政府配套资金作为启动基金的种子，是 CWSRF 长期稳定可靠的资金源，州配套资金为联邦拨款的 20%；2006 年 3 月 USEPA 网站上公布的资料显示，全美累计，联邦向 CWSRF 拨款超过了 230 亿美元，各州配套资金超过 47 亿美元；利用 CWSRF 资产作担保，1 美元资产担保发行 2 美元的免税债券，已有 27 个州发行免税债券来平衡基金计划的收支，使全国共增加了 169 亿美元（净储备）可使用资金。拨款与配套资金以及对债券的免税政策都有效地降低了基金的融资成本。

（2）资金去向分布

CWSRF 的资金去向主要有 5 个：对各种援助对象的贷款与资助、免税债券还款付息、投资或再融资（如购买市/州政府机构的债券）支出、转向 DWSRF 的资金和运作 CWSRF 所需的管理费用等。

其中，关于资金的援助对象有较为详细的规定。根据《清洁水法》，CWSRF 用于援助市级或州级政府进行公有的污水处理工程建设（POTW）、非点源管理计划和河口计划的拟定和实施，其范围涵盖所有与清洁水或水环境保护相关的项目，包括城乡的受污染径流、湿地恢复、地下水保护、污染地修复、栖息地保护、流域管理、河口管理以及污水处理等。随着美国水环境保护需求的变化，滚动基金的援助侧重点也有所改变。CWSRF 从原来基本只投资污水设施建设变为越来越重视非点源污染、河口环境以及生态保护和修复等方面的投入。后者无论是项目总数还是贷款总额都有大幅上升，2005 年的贷款项目中，这方面的项目占了 27%。然而，投向污水处理的资金并未因此明显减少，比例上仍然占大部分（表 2-11）。

表 2-11　CWSRF 资金分布　　　　　　　　　　　　　　　　单位：亿美元

援助对象　　　　　年份	1987—2005 （累计）	2005
污水处理	500	46.68
非点源污染、入河口环境以及生态保护和修复	20	2.32

数据来源：根据 USEPA 网站整理。

（3）援助方式

CWSRF 提供资金的方式有多种，包括贷款、直接/间接购买或担保地方债券以及购买公债保险等，但是，各州的具体形式和涉及种类并不相同，多根据具体情况自行调整甚至创新。

其中，贷款的利率和还款期限，各州基金管理机构都有很大的自主权。根据不同的项目特点，贷款利率设定在零到市场利率之间；而还款期限最高可达 20 年，有 3 个州采用了购买长期债券的方式，允许融资方偿债最高期限为 30 年（如果资产有效寿命不到 30 年，则为有效寿命期）。

稳定的资金来源和灵活的援助方式为 CWSRF 的成功提供了基础条件。针对性的投资对象使得污水设施建设获得了有效的支持。

（4）管理模式

高质量的管理是 CWSRF 获得全面成功的关键。概括地说，CWSRF 采用的是以国会立法来规范、USEPA 统筹监管、各州灵活实施、地方政府和银行协议分担管理的模式（图 2-22）。

USEPA 设置了一个专门管理 CWSRF 的部门——CWSRF Branch，同时要求在拨付资本金前首先在州内拟定一份符合其要求的滚动基金计划，并建立一个合格的管理机构。各州政府设置的专门管理部门（一般设置在原有的环保或水资源相关的部门内）负责基金的运营，也存在与其他州机构联合管理经营的现象，其中 31 个州曾报告它们存在这种情况。

USEPA 对各州 CWSRF 的管理主要通过"五个一"实施，即一个协议、一个联邦年度审计、一份年度计划、一份年度报告和一个联邦监管年度审议。其中年度计划和报告是 USEPA 对各州 CWSRF 运作的主要认识渠道和监管依据，联邦审计和监管审议则是 USEPA 的主要监管手段。

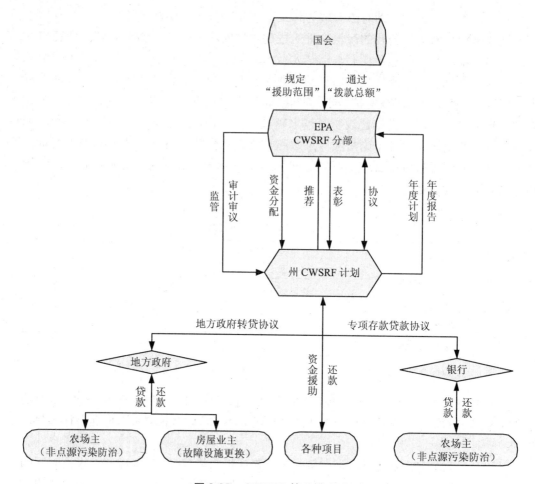

图 2-22　CWSRF 管理模式图

☞　协议。各州要获得用作 CWSRF 资本金的拨款，必须与 USEPA 达成一个协议，其内容必须包括：州配套资金不低于联邦总资本金拨款的 20%；在获得每次拨款后的一年内提供等量于 120% 拨款金额的援助；基金的所有资金都将首先用于保证州政府决定的发展费，以符合《清洁水法》中规定的期限、目标和要求（包括地方政府规定的期限）；每年向 USEPA 提交一份基金年度使用状况的报告。

☞　联邦年度审计。USEPA 要求各州一年至少进行一次符合审计署规定的独立盘点和审计，USEPA 在此基础上进行总的审计工作。

☞　年度计划。各州主要阐述其各自的 CWSRF 年度使用计划，按《清洁水法》规定应至少包括 5 项内容，即：①根据州优先条件列出援助项目清单和相适应的援助措施；②基金的短期和长期目标；③上述援助措施的信息，包括项目类别、还款要求、资金援助条件和所服务的社区；④实现①所述协议内容的保证和详细建议；⑤基金分配的标准和方法。

☞　年度报告。针对年度计划对过去一年中如何实现目标进行描述，包括对贷款接收方的审核、贷款金额、贷款条件，以及 CWSRF 提供的其他资金援助方式中的类似细节。

☞ 联邦监管年度审议。审议对象包括各州的年度计划、年度报告和其他类似的材料。州级管理机构和贷款获得者都应该为管理部门提供相关记录。

如果 CWSRF 的管理不规范，将影响该州获得拨款的时间，甚至是无法获得拨款。

CWSRF 各主体之间的关系如下：

第一，国会通过立法程序规定 CWSRF 的援助范围以及联邦年度拨款总额。

第二，USEPA 内的 CWSRF 分部直接管理各州的 CWSRF 管理机构，主要负责拨款分配和监管。

联邦拨款分配方面。《清洁水法》中设定了 CWSRF 的最初分配方案，包括：①联邦每年的拨款总额和各州的分配比例。②预留资金。各州每年可预留所获分配总量的 1% 或 10 万美元（取金额大者）。③分配周期。经审计后的财政年及次年，州 CWSRF 均有资格获得拨款。两年划为一个分配周期。④未使用资金的再分配。到两年期的最后一天，未使用的资金将加到下一个分配周期的总额中按规定比例重新分配。但是这部分再分配的资金不会用于上一个分配周期中未能完全使用拨款的州。

监管方面。监管方法主要是上述的审计和监管审议，而根据监管结果，主要采用行政和经济相结合的手段进行处理，包括：①对州机构中不符合 CWSRF 相关法规要求的行为进行"不合格通知"。②扣留拨款：如果不能在"不合格通知"后的 60 天内采取纠正措施，将扣留之后的拨款，直到所采取的措施符合相关要求。③被扣留拨款的再分配：如果发出通知的 12 个月内，纠正措施不能满足要求，其被扣留的拨款将按照最新方案进行再分配。

第三，各州 CWSRF 管理机构拥有高度的自主权，可在不违背有关法规的情况下，根据自身情况灵活制定各自具体的利率、贷款期限、贷款对象、援助优先条件、管理模式、免税债券的发放与否及其发放量等，充分显示出滚动基金计划的灵活性远大于其前身——建设拨款计划。

第四，州 CWSRF 管理机构与地方政府以及各类银行存在一些契约或合同关系，地方政府和银行作为具体项目贷款的媒介和管理代理。同时，也存在大量州级机构直接向具体项目贷款的情况。不管是何种贷款途径，其贷款主要优先条件是由州级管理机构确定的。

（5）管理模式创新

CWSRF 是一个政策性很强的基金，而主要的援助项目又以社会效益和环境效益为主，经济效益不明显，所以管理上需要一些方法来实现政策的高符合度（如经济水平低的社区优先）与贷款管理的低成本/高效率、资金回收的低风险等方面的平衡。

各州 CWSRF 管理机构创造了多种方式来降低自身风险，提高管理效率，其中主要利用了银行或地方政府的力量。其中两种重要的管理模式是：

☞ 专项存款贷款（Linked-deposit loan）。这是一种 CWSRF 机构与地方银行合作的方式。CWSRF 拿出一笔资金，在潜在贷款对象经常接触的银行进行存款或投资，同时要求该银行承诺向符合 CWSRF 要求的项目提供与存款或投资本金等量的贷款。CWSRF 向合作银行收取低于市场利率的还款，于是合作银行要求贷款对象的还款也可以且必须低于市场利率。CWSRF 向银行收取的利率低于银行向贷款对象收取的利率，使得银行能够从中获取利息差价作为报酬。在此过程中，CWSRF 把贷款所需要的人员和其他成本以及贷款回收的风险都转移到合作银行，同时也可以通过银行这样的专业机构，提高资金的管理效率。

☞ 地方政府转贷。州政府毕竟是一个较高层次的管理机构，与末端的贷款需求者存在着较大的管理距离。因此，地方政府的介入成为需求。CWSRF 向地方政府（如郡、社区等）贷款，进而转贷给房屋业主、农场主等小项目的负责人。这些地方政府通常拥有发行一般债权的权力或用户费用等专门资金源可以保证还款。明尼苏达、马塞诸塞等州已经利用这种方法援助非点源污染控制和故障设施更新等工程。

USEPA 通过表彰的方式鼓励各州为 CWSRF 的高效健康运作而不断努力。2005 年，PISCES（SRF 在创造环境效益中的绩效和创新）奖表彰了州基金任务的完成情况，各大区各推荐 1 个优秀的州，USEPA 给予奖励。评奖的标准主要涉及资金的利用度、项目或财务状况、管理、全成本定价、用水效率、流域管理、技术的创新利用、合作和贷款上的创新以及这些经验的可借鉴性等。从这些评奖标准可以看出，USEPA 鼓励创新的优质管理、资金的充分利用、基金和项目本身的可持续性以及经验的可推广性。2006 年 PISCES 奖则更加重视单个贷款项目的计划、执行和管理战略，并进行优秀项目展示，由此加强经验交流和推广。规范且不断创新的管理是 CWSRF 成功的关键。

（6）CWSRF 的成功要素

分析相关的运作细节和管理情况可以发现，CWSRF 至少有 5 大成功要素。

第一，中央和州一级财政的稳定支持。CWSRF 最初的启动资金以及后来主要的资金来源都是中央的预算拨款以及州级财政的配套资金。国会每年审核并拨出一笔专用于污水设施建设的资金，是对这项工作的极大重视。

第二，全面的金融市场运作。CWSRF 充分利用美国当前可利用的金融产品进行有益的融资，包括利用自有的稳定资金来源发行类似市政债券的免税债券，投资或担保各地的市政债券、长期债券，购买公债保险等。通过活跃的金融市场，CWSRF 逐渐获得了一定的经营性收入，进入了一个自我增值的阶段。

第三，细致的法律规定。美国等发达国家大多在实施重要的政策前，先从立法的高度给予充分的保障。而且，美国一般在出台相关法律之前，都先确定能够拨出足够的资金来保证各项措施的落实。CWSRF 的成立也是遵循了这套经典方法，在国会修订《清洁水法》时把各项具体管理措施纳入法规体系当中，上升到国家法律的高度。

第四，明确统一的管理部门与充分利用基层组织相结合。CWSRF 有明确且统一的管理部门，而且被置于直接管理污水行业并直接向国会上报相关预算需求的部门体系当中，便于将行业发展需要和资金安排进行统筹考虑。同时，CWSRF 充分利用银行和地方政府与贷款需求方直接接触，甚至进行专业管理的基层组织，使资金更容易落到实处，也使资金的管理更加专业，同时减轻自身的管理成本。

第五，方向明确的鼓励机制。USEPA 根据 CWSRF 的发展需要来确定相关表彰的主题，从而更加有效地引导各州分支机构的管理工作。

（7）CWSRF 在美国污水设施建设中发挥的作用

能否真正起到支持目标事业发展的作用，是考察一个政府性基金成功与否的主要标准。CWSRF 经过多年的发展，大力支持了美国清洁水事业的发展。其中，在支持污水处理设施建设方面发挥了五项主要作用。

第一，提供了大量而稳定的资金。一方面，重点支持了污水处理设施建设。为保护水质，CWSRF 累计向社区（communities）提供资金 527 亿美元（图 2-23），其中 2005 年提供了 49 亿美元，年供给量总体稳定增长，其中，CWSRF 重点支持了污水处理设施建设，全国约有 500 亿美元（占援助总额的 96%）投入污水处理设施建设，包括二级及深度处理工程、排水收集管道、生活污水管道和合流制排水管道溢流改建工程和暴雨管理工程等，而二级及深度处理工程是重中之重，约占用资金总额的 60%。CWSRF 成为美国污水处理设施建设资金的第二大来源。近年来，美国每年投入到污水处理设施建设领域的资金约 130 亿美元，结合多项资料估算，其中约 35% 来自 CWSRF，市政债券只占 5%～16%，其他则基本来自联邦政府的转移支付。另一方面，CWSRF 优先支持人口规模小或者经济条件差的社区。各州都为这类社区提供特殊还款期限或低利率甚至零利率贷款。近年来，1 万人以下的社区贷款项目都超过了总数的 2/3，资金也超过总额的一半，充分体现了 CWSRF 的政策性特征。

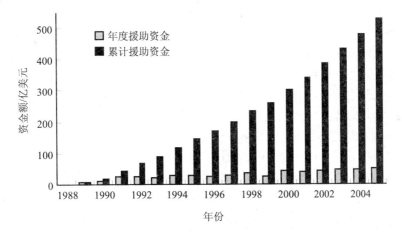

图 2-23　CWSRF 年度及累计提供援助资金变化

第二，节约了污水处理设施投资成本。比较 CWSRF 贷款利率和市场利率（按 20 年期的债券购买指标）可知（图 2-24），2005 年 CWSRF 的贷款可以为贷款对象节约 21% 的成本，这无疑大大减轻了贷款对象的经济负担，提高了建设污水处理设施的积极性。

第三，将联邦的投资压力部分转移给州政府。1991 年以后，CWSRF 每年提供资金总量仍基本在 30 亿～50 亿美元的区间内，与此前建设拨款的投入相近，但联邦每年投入仅有 10 亿～20 亿美元，远低于采用建设拨款时 20 亿～50 亿美元的水平。可见，联邦通过 CWSRF 中关于配套资金的规定，将其投资压力部分转移给州政府。由于联邦的拨款仍然占较大的比例，因而政策依然可以得到有效的贯彻落实。

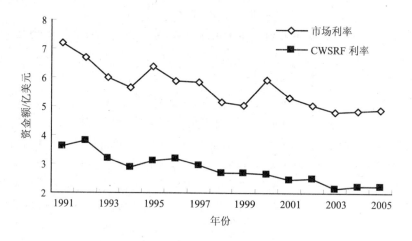

图 2-24　CWSRF 贷款利率与市场利率变化对照

第四，巨大的环境效益。由于 CWSRF 大力支持污水处理（尤其是二级及深度处理）设施建设，水中污染物排放量大为减少，受益人口也不断增加。据 USEPA 的研究，1987—1996 年，美国公有污水处理设施服务人口及其占总人口的比例和 BOD_u 的去除率明显增加，BOD_u 排放量则大幅减少，为水环境治理作出了重要的贡献。

第五，明显的社会效益和附加的经济效益。水环境改善以及生态恢复促进了公共健康，同时改善了人们的生活条件。河、湖、海滩的洁净促进了旅游、渔业、灌溉农业、公共供水和工业的发展，可见 CWSRF 间接提高了多个行业的经济效益。同时，有研究表明每 10 亿美元投入水基础设施中，将在未来 10 年增加约 5 000 个工作岗位。CWSRF 对污水基础设施的投入间接提高了就业率和人均收入水平。

美国污水设施建设领域中，CWSRF 与市政债券是重要的资金来源，前者被 USEPA 认为是最成功的手段，后者则在世界范围内成为潮流。通过比较可以发现二者各有优缺点，且在多方面形成一定程度的互补关系（表 2-12）。相对于 CWSRF，市政债券具有以下优势：

☞ 可以充分利用社会闲散资金。市政债券为社会闲散资金进入污水处理设施领域提供了一个重要渠道。事实上，美国市政债券份额中，近 80% 来自零散投资者或以其资金为基础的基金和信托机构。

☞ 国家财政负担较低。州和地方政府可以根据各自需要发行市政债券筹资，而国家财政无须为此负担责任。

☞ 灵活。市政债券的灵活主要表现在还款周期浮动幅度大、地方政府自主程度高、可以不基于项目进行操作（即可以通过发行一般债券满足政府综合公共管理的需要）以及允许私人项目使用资金等。

表 2-12　CWSRF 与市政债券比较

项目		CWSRF	市政债券
主要资金来源		联邦拨款和地方政府配套资金、贷款利息和投资利润	零散投资者投资
还本付息来源		借款方的一切收入，不划定具体范围	可划定具体范围（项目收入或/和政府收入）
税收政策		免税	公共项目免税，非公共项目免联邦税或发行量受限
利率		管理机构设定，低于市场利率	①须符合"限制套利规定"或通过购买州和地方政府系列债券（SLGS）防止用市政债券收入投资利率较高的政府债券进行套利；②由市场调节，受政府负债率影响
还款周期		最长达 20 年，个别州 30 年	最长达 30 年，甚至更长
资金源稳定性		高，主要受国会影响	低，受发行人和市场影响
政策性		强，侧重于人口少、经济差的社区	较弱，受评级和市场影响大
上级政府约束力		联邦和州政府约束力较强	较弱
是否基于项目		是	否
是否允许私人项目使用资金		基本不允许，若与非点源污染、河口环境保护等有关则允许	允许，需通过政府代理或授权机构
政府经济实力要求	联邦	高	无特别要求
	州	较高	高
	地方	低	高
金融市场环境要求		低	高
风险	投资方	低	较高
	融资方	低	高

然而，市政债券也在多个方面不如 CWSRF。

☞ 政策优惠条件较少。市政债券在税收、利率、发行量等方面都受到不同程度的限制。

☞ 成本较高。市政债券安全性较高，在各类债券中仅次于国债，加上税收上的一些优惠政策，因此融资成本低于一般债券。但它毕竟是采用市场运作方式的金融产品，利率设置必须形成投资吸引力，其成本仍比 CWSRF 要高。

☞ 资金源稳定性不高。CWSRF 的主要资金来自联邦政府拨款和地方政府配套，是一个基本稳定的来源，而市政债券的市场化运作，其资金完全来自于债券的发行收入，稳定性远不如 CWSRF。

☞ 政策性弱。一方面，受发行人和市场价值取向的影响较大，资金流向趋于容易获利的项目；另一方面，来自上级政府的约束力较弱，在市政债券发行时容易过分关注地方政府本身的需要而导致与上级政府宏观政策的不协调甚至冲突。

☞ 要求地方政府有较强的经济实力。市政债券的信用基础是地方政府或其相关事业，其经济实力对市政债券发行成功与否具有决定性的影响。

☞ 对金融市场环境要求高。市政债券的成功本身就是市场化运作成功的表现，自然要求金融市场拥有有效的法律体系和有力的监管。CWSRF 则始终置于政府的有关管理体系下，除了投资、再融资等部分运作外，与市场的接触较少。

☞ 投资方和融资方都需要承担较高的风险。对于投资方来说，市政债券毕竟不如国债那样可以利用国家的货币发行权力作为保证，存在着一定程度的信用风险，1940—1994 年，美国市政债券的违约概率为 0.5%，尤其是 1979 年《联邦破产法》使市政债券的发行人破产更加容易后，投资人的风险也随之升高。对于作为融资方的地方政府而言，在偿还期容易产生本地区资金外流现象。而这些对于 CWSRF 而言都是不存在的。

CWSRF 与市政债券之间的这些相对优劣所反映的并不是二者的对立，而是双方的互补。资金供需方均可以根据需要选择合适的方式来运作。

作为美国污水基础设施领域的两大投资工具，CWSRF 与市政债券必然存在多方面的联系，主要表现在三个方面。一是 CWSRF 通过投资与水环境保护相关的市政债券来支持目标项目，同时从中获得投资收益，增加基金本身可提供资金总额，进一步扩大投资能力。二是 CWSRF 本身利用其稳定资金源来发行具有市政债券性质的免税债券，是两种工具的衔接利用。三是在市场趋利作用下，市政债券自然偏重于公共事业中的高收益领域，于是把政府的资金从此类领域中释放出来，使政府财力能够转移到污水处理等低收益领域，也能够加强其对 CWSRF 的资金配套能力。

总的来说，CWSRF 和市政债券是互相补充、共同发展的关系，联合推动了美国污水基础设施建设事业的进步。

2.3.4　巴西——补助资金在污水处理设施建设中的应用

2001 年，巴西政府开展了一项以修复国内主要流域水质为目的的"巴西流域恢复项目"，简称 PRODES。这项由国家水管理部门（国家水务局）负责管理的计划旨在通过增加污水处理设施投资和运用现代水资源管理手段（如建立流域委员会）等途径，实现流域水污染的防治。

PRODES 计划的本质是为污水处理设施的建设和升级改造提供资金补助。具体来说，巴西联邦政府根据新建污水处理设施的完成情况和现有设施的更新和升级情况（包括升级改造、提高设施处理能力等）来给予补助。也就是说，污水处理设施不论是国有还是私有，只要其建设投资得到所属流域委员会的规划批准，且达到委员会所提出的排水要求，即可申请 PRODES 补助资金的支持。

这种基于项目产出给予补助的做法，对公用事业企业形成了激励机制。PRODES 的补助资金以基于建设成本的补偿形式按季度拨付，以 5～7 年为期限。根据"基于项目产出给予补助"的原则，污水处理项目达到其项目建议书中预设的绩效目标是获得补助金支持的必要条件。该绩效目标由服务企业、流域委员会和市政府协商决定，其内容包含了污染物排放指标和设施管理指标（技术员工培训、运营计划、土建工程和设备维护等）。只有在项目达到各项预定指标的前提下，PRODES 计划的指定基金管理机构才会将相关资金拨付给服务企业，从而实现对公共设施企业的正向激励。

2.4 我国环境基础设施建设投融资实践与案例分析

2.4.1 环境基础设施项目融资模式

在我国市场经济体制改革不断完善、环境基础设施市场化改革逐步推进的过程中，银行等金融机构也获得了广阔的参与空间，配合一些合理的投融资模式，能够更安全、更有效地引入社会资本，弥补基础设施建设资金不足的问题，从而加快推动我国环境基础设施建设。

2.4.1.1 模式机制

BOT（Build-Operate-Transfer）是一种基础设施市场化运作的典型模式，即政府在一定期限内以授予特许经营权的方式将该环境基础设施交给私营企业建设、管理和维护，并在该期限过后将项目资产无偿转让给政府。在此期间，企业可以得到项目的收益权，并以此获利。环境基础设施建设类项目，通常需要一次性投入较大量的资金，因此企业往往会通过银行贷款弥补资金上的缺口。但在项目建设初期，项目资产尚未形成，由于没有可供抵押的资产，银行难以发放担保贷款。中国农业银行在中山市中心组团垃圾综合处理项目中使用项目收益权质押担保与资产后续抵押的方式，很好地解决了这一问题。图 2-25 显示了该模式下项目的资金流向。

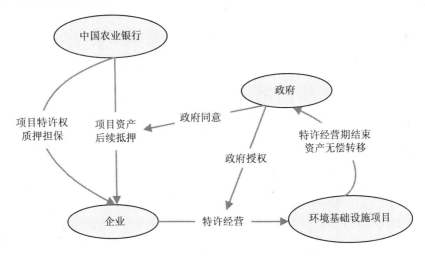

图 2-25 中国农业银行环境基础设施项目融资贷款资金流向

根据 BOT 协议，在企业特许经营期间，企业拥有该项目的收益权，即对垃圾处理费和电费的收缴权。通过将项目收益权实体化，可以将垃圾处理费和售电收入纳入专用账户，与特许经营权一起质押给银行，以获得银行的担保贷款。将项目特许权（含收益权）质押的贷款方式是整个融资方案最核心的内容。另一方面，银行可接受运营商的保证担保，对项目建设中形成的资产采取后续抵押方式。在贷款发放前，项目法人须出具资产抵押给银行的承诺，并由中山市政府出具相关意见。如企业不履行债务，贷款无法归还，银行以质权人的身份有权依法将质押的权力或资产折价或拍卖，并拥有利用变卖财产的价款优先受偿的权力。

2.4.1.2　效果评价

从贷款模式的效果上来看，对企业来说，项目初期获得担保贷款难的问题得到了有效的解决。由于信贷资金的及时到位，整个项目建设进度很快，从奠基到通过专家组评审和并网发电，只用了 22 个月，项目提前完工，并且创下了当时全国同类项目建设周期最短的纪录。由于合作基础良好，二期项目贷款也以同样的方式进行，提高了项目管理的效率。

对政府来说，该项目的实施是环境基础设施市场化的一个有力实践。"十二五"时期，环境保护领域的资金需求增长迅猛，其中环境基础设施建设所占的比重很大。银行等金融机构通过一些行之有效的资金运作模式，能够更为顺利地引入社会资本，从而大大缓解政府建设环境基础设施的投资压力。

对银行来说，采用特许经营权和收费权作质押的担保方式，能够为银行带来显著的经济效益和社会效益，在对项目进行融资支持后，银行可以获得稳定、长期的贷款利息收入。另外，贷款企业所有资金结算业务均接受银行监管，不仅有助于银行控制风险、监督资金去向，还能推动银行中间业务的发展，为银行带来可观的存款、结算、中间业务等收益。

2.4.1.3　应用性分析

银行业开展基础设施项目融资模式，需要结合此类项目的特征。基础设施建设类项目能够形成一定的固定资产，其后续的收益一般由政府定价，资金回收较为稳定；另外，在项目的实施过程中，政府诸如招标、授予特许经营权等一系列行为，都有形或无形地为该类项目提供了较强的政府信用保障。这些特性的存在，为银行的投资行为规避了风险。环保项目中，城镇污水处理设施建设、垃圾处理处置设施建设等环境基础设施类项目，符合基础设施项目融资模式的要求，银行可以采用这种模式对环境基础设施类项目进行投资。

在相当长的一段时间内，我国环境基础设施建设仍有很大的市场需求，仅靠财政资金难以完成投资任务，社会资本必然要成为财政资金的重要补充。项目融资能够成为社会资本投资的重要融资方式。

2.4.2　社会资本企业预评审模式

2.4.2.1　模式机制

"预评审"模式是国家开发银行（以下简称"国开行"）为响应水务公司的融资需求，针对水务行业的项目特点开发的一种模式。

这一模式是由国开行总行评审部门和对应分行组成联合评审小组，对求贷的水务公司未来几年计划实施的水务项目进行统一的预先评审和谈判，确立总体的贷款条件、信用结构等，根据公司的发展情况和项目的前景提供相应的授信额度。

在预评审模式中，为规划实施项目设立的项目公司均为该水务公司的全资或绝对控股子公司；为了更好地控制项目的还款现金流、防范贷款风险，以项目公司和水务公司作为每个项目的共同借款人，且考虑到大部分项目公司在授信时可能尚未成立的情况，仅对借款人水务公司作评审分析，具体项目公司的信用评审待项目核准时完成。

国开行以污水行业的龙头企业——深圳市水务投资有限公司作为探索专业水务公司评审模式的试点，按照预评审模式对该公司未来 3 年可能实施的水务项目开展了整体评审工作，对总体贷款条件、信用结构设计等设定了基本原则。2009 年，国开行为深圳市水务投资有限公司提供 24.9 亿元授信额度，支持其尚处于投标前期阶段的 23 个 TOT、BOT 污水处理设施建设规划项目。

2.4.2.2　效果评价

预评审模式聚焦于城市水务行业这一保障现代化城市正常运行和发展的必要基础设施，锁定了日益成为各级政府和社会关注的热点领域。随着我国市政公用行业市场化改革的不断深入，水务公司作为投资建设城市污水处理设施的重要主体，支持其发展有助于实现行业发展与企业发展的"双赢"。

目前，我国各水务公司间的市场竞争较为激烈，各水务公司均需按照招投标程序，逐一争取分散在全国各地的水务项目。预评审模式考虑到了水务行业政策性强、融资需求大、贷款风险相对较小和项目差异性小等特征，依据企业规划对其未来几年的水务项目进行整体性评审和授信，化零为整，能够满足企业发展的资金需求，增强其竞争力。

预评审模式所支持的节能环保企业通常是某一地区环境基础设施建设的支柱力量，因此，预评审模式对区域污水处理设施建设和运营所需资金进行了必要的补充，对 TOT、BOT 等模式给予了有力的支持。

2.4.2.3　应用性分析

预评审模式主要适用于在某些地域内具备一定实力、中短期规划内集中参与污水处理、垃圾处理等环境基础设施建设的环保企业。该模式的实施有诸多益处，可促进多方"共赢"。首先，预评审模式能够提高水务企业的资金供给效率，有助于推动污水行业的快速、健康发展；其次，这一模式的实施有助于增强项目所在地的污水处理能力，改善水环境质量，且对提高项目所在地现有污水处理厂的运营效率、加快水务行业的市场化进度等具有重要的示范作用；此外，预评审模式一改以往"成熟一个，评审一个"的传统模式，力求发挥银行的贷款优势，避免进行逐一项目的竞争，有利于银行在该领域的业务拓展和客户培育。

不过，预评审模式在为企业先期提供整体化授信额度的同时，也为银行准确评价企业发展趋势、密切跟踪项目实施情况提高了难度，银行需要加强风险控制，才能达到预期的盈利目标。

2.4.3　环境基础设施"统一建设，统一融资"模式

2.4.3.1　模式机制

筹集规模大、成本低的资金来推动污水处理设施建设是地方政府面临的一大难题。国开行设计的"统一融资、委托代建、分项提款、统一还贷"的贷款模式，有助于解决这一问题。这一模式本着"统一规划、统一投融资主体、统一项目审批、统一资本金和还款资金来源，统一构建信用结构"的原则，通过银行参与省政府建设规划，对全省的污水处理项目进行统一审批，一次性为省级融资平台提供长期、稳定、大额的区域污水处理设施建设资金；以《委托代建协议》中有关资金拨付约定作为项目资本金来源和还贷资金来源，以该协议项下的权益和收益质押为信用结构，实行统借统还；而针对规划下的各项目，采取分项提款措施，逐一对子项目放贷（图 2-26）。

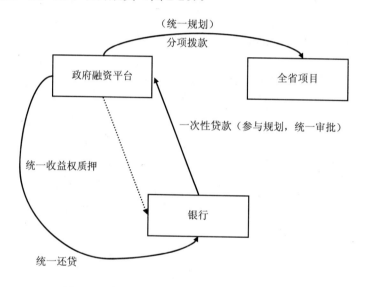

图 2-26　针对项目的"统一融资"模式示意图

针对节能环保企业，国开行也开展了"统一融资"模式创新。该模式一般由母公司所在地区的分行为组织行，各子公司所在地区的分行为参与行，通过组织行参与母公司的战略规划，进而对各分公司发展融资方案进行统一设计，并由母公司为子公司统一担保，各参与分行及对应地区子公司按照事先的规划和设计分别贷款和还款（图 2-27）。

针对环境基础设施建设项目的"统一融资、委托代建、分项提款、统一还贷"模式在多个省市得到应用。2008—2009 年，国开行通过采用该模式实现了江西、广西、湖南、内蒙古和安徽 5 个省份污水处理设施建设项目的贷款承诺，累计承诺贷款 223 亿元，支持 335 个污水处理厂、16 169 km 污水管网建设，预计形成处理能力 841 万 t/d。

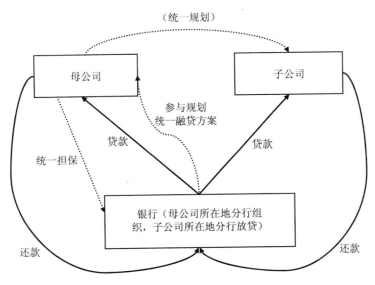

图 2-27　针对企业的"统一融资"模式示意图

而针对企业的"统一融资"模式，率先应用于对天津创业环保集团跨区域业务发展的贷款支持中。对于天津本埠的项目，国开行以集团公司为借款人，采用信用贷款的信用结构；对于外埠的项目，则全部以集团外埠子公司为借款人，信用结构采用集团公司担保的模式。通过"统一融资"，天津创业环保集团完成了天津纪庄子、东郊污水处理厂的升级改造项目，并逐步将业务深入山东、安徽、河北、湖北等地。

2.4.3.2　效果评估

（1）与环境政策的衔接度

面对环境基础设施建设投资规划的压力，如何筹集规模大、成本低的资金是推动区域污水设施建设发展的关键点，这一问题受到中央及地方各级政府的广泛关注。充分利用省级政府对环境基础设施建设的统一规划，为地方提供中长期的大额贷款，很大程度上推动了国家环境基础设施建设目标的实现。

对于项目投资企业，建设投资规划为其创造了大量的市场机会，跨区域的项目建设催生出大量的资金需求，"统一融资"模式也帮助解决了这一关键问题。

（2）与财政投资手段的衔接度

目前，很多污水处理项目仍然利用财政拨款方式、污水处理费补贴运营的形式获得资金扶持。随着我国污水处理基础设施建设的快速发展，城市地区的污水处理设施建设需求缩小，越来越多的项目分布在县城、小城镇。这类项目的特点是处理规模和项目规模小、县级政府财政实力不强，从而造成设施建设和运营的资金链不顺畅。在这种背景下，由省政府出面将全部项目进行整合，并提供财政担保，大幅提升了项目的投资价值，从而解决了单个项目融资困难的问题，有效提升了融资的可行性。

在企业层面，国家对于水务企业的支持还不到位，有效的资金支持手段不多，"统一融资"模式一定程度上弥补了这一缺陷，为企业的跨越式发展提供了资金扶持。

（3）与环保项目特征的衔接度

基于项目的"统一融资"模式充分考虑了省级污水处理项目分布范围广、管网建设运营无收益、建设和维护资金主要依靠财政支持等特点，以及污水处理厂按照与地方财政签订的污水处理费协议能够实现一定的项目现金流，但尚不足以覆盖贷款本息偿还的问题。这些问题都通过银行积极参与政府规划、实行统一贷款得到了化解，提高了项目的管理效率，满足了项目建设运营期的资金需求，同时也能够有效防范信贷风险、提升贷款银行的行业竞争力。此外，在污水处理项目中，项目的经济价值、地方政府的财政能力等很大程度上影响了地方政府在项目中的地位，"统一融资"模式能够有效加强政府在采购、建设招标、资产转让等环节谈判过程中的优势地位，使之具有更大的选择余地。

针对企业的"统一融资"模式，充分考虑了大型水务企业跨地区发展、分散化项目建设以及母子公司的管理结构特点，通过参与母公司的统一战略规划，依托其统一担保，由各子公司所在地分行有针对性地提供项目贷款，发挥了统分结合的优势。

（4）与区域资金需求的衔接度

在国家污水处理设施建设规划和 COD 减排目标的双重压力下，我国的污水处理设施建设进入了高速发展期。中西部地区尤其是这些地区的中小城市及县城面临着较大的污水处理设施投资压力，中小规模污水处理设施成为新时期建设的主流，相应的管网等配套设施建设资金需求量较大。针对项目的"统一融资"模式将大额长期资金优势与地方组织协调优势相结合，缓解了区域建设资金紧缺的问题。

同样的，面对国家政策催生的巨大环境基础设施建设，地区性的投资运营型企业在面对跨地区市场机会的同时，也存在巨大的资金缺口，这一缺口很难从地方政府的财政扶持中得到有效补充，"统一融资"模式对于满足企业发展的资金需求有着重要意义。

2.4.3.3 应用性分析

针对项目的"统一融资"模式，适用于辖区污水、垃圾等市政环境基础设施需要在一段时期内大量建设、具备统一规划、存在资金缺口的欠发达地区政府。这一贷款模式通过缩短评审承诺时间，保障项目用款需求，加快合同签订速度与贷款发放速度，大幅提升经济欠发达地区地方政府融资的可行性，促使地方政府在各项交易中保持优势地位，降低了建设项目成本，提高了项目整体实施效率。

针对企业的"统一融资"模式适用于致力于跨区域发展、存在大量市场机会、建设项目具有区域分散性的大型节能环保企业。通过统一融资模式不仅提高了评审效率，也帮助借款人实现了以点带面的全国化市场开发格局，提升了银行与客户的合作关系。

不过，上述模式需要银行能够充分参与到省级政府或节能环保企业的有关规划之中，掌握子项目、子公司的有效信息，以作出准确的风险收益评价，并积极评估政府或企业的统一建设情况，随时调控贷款风险。

2.4.4　污水处理基础设施资产证券化

2.4.4.1　模式机制

资产证券化是把缺乏流动性、但具有未来收益的资产汇集起来，通过结构性重组，将其变为可以在金融市场上出售和流通的证券、据以融资的过程。资产证券化是近 30 年来国际金融领域最重要的金融创新和金融工具之一，其所具有的独特融资功能使其在国际金融市场中显示出巨大的优势，被认为是国际资本市场发展的新方向。

与传统的融资方式相比，资产证券化有很多独特之处：

1）资产证券化是一种结构融资手段。发行人需要构造一个交易结构才能实现融资目的；资产池中的现金流需要经过加工、转换和重组，经过必要的信用增级才能创造出适合不同投资者需求，具有不同风险、收益和期限特征的收入凭证；通过采用资产组合、破产隔离和信用增级等手段，资产证券化的信用水平得到提升。

2）资产证券化是一种流动性风险管理手段。用于资产证券化的基础资产通常不能随时出售变现，但通过资产证券化，就变成了流动性高、标准化的证券工具；如果资产证券化实现了基础资产的真实出售，它就是一种表外融资方式，不会增加发行人的负债。

3）资产证券化是一种依赖于基础资产信用的融资方式。资产支持证券本息的偿还只以证券化的基础资产为偿付基础，这部分资产由于已与发起人的其他财产破产隔离，因此，证券的偿付基础不包括发起人的其他资产；对于投资者而言，只需判断基础资产的质量和未来现金收入流的可靠性和稳定性而不需要对发起人进行整体评估。

尽管资产证券化在融资方面有很多优势，但也并非所有的资产都适合证券化。具体来说，易于实现资产证券化的资产要满足以下特征：

☞　资产可产生稳定、可预测的现金流收入；

☞　原始权益人持有该资产已有一段时间，且信用记录良好；

☞　资产应具有标准化合约文件，即资产具有很高的同质性；

☞　资产抵押物易于变现，且变现价值较高；

☞　资产的历史纪录良好，即违约率和损失率较低；

☞　资产的相关数据容易获得。

污水处理基础设施资产与以上要求有比较好的吻合度：污水处理费收入是污水处理基础设施稳定、可预测的现金流收入；污水处理基础设施的原始权益人通常为地方政府或社会资本企业，信用记录可查；污水处理基础设施资产的建设运营需要有特许经营协议，因而满足具有标准化合约文件的要求；污水处理基础设施资产可以通过出售变现且变现价值相对较高（TOT 就是变现的一种方式）；污水处理基础设施作为城市公共基础设施的一部分，违约率和损失率通常较低；关于污水处理基础设施资产的相关数据也是容易获得的。综上所述，污水处理基础设施资产是适合进行资产证券化的资产。

图 2-28 给出了资产证券化的结构。在资产证券化过程中，主要有发起人、特设目的实体、服务人、原始债务人、受托管理人、信用增级机构、信用评级机构和投资者等参与主体。

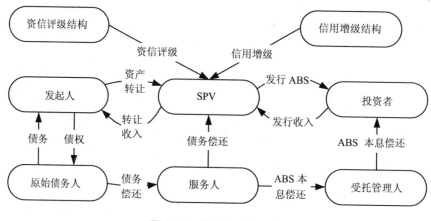

图 2-28 资产证券化结构

资产证券化这一融资模式通常要求放入资产池的资产具有一定规模。因此，单个规模较小的污水处理基础设施往往难以实现资产证券化融资，但若是将多个污水处理基础设施加以捆绑、包装，就能够达到资产证券化的融资要求。在污水处理基础设施领域，以下类型的投资主体较适合选择资产证券化融资：

一是已经投资建设了该城市的部分污水处理基础设施，无力进一步投资的地方政府。这种情况下，地方政府可以通过组建投资平台，将现有污水处理基础设施捆绑，进行资产证券化融资。

二是已经投资建设了多个污水处理厂，陷入资金链紧张局面的社会资本企业。这种情况下社会资本企业可以通过整合已有的污水处理设施资产，设计合理的路径进行资产证券化融资。

南京城建污水处理收费资产支持收益专项资产管理计划是国内首只以市政公用基础设施收费收益权进行资产证券化的产品。该产品于 2006 年 6 月获得证监会批复，正式面向合格机构投资者发售。

专项计划以南京城建未来 4 年的污水处理收费收益权约 8 亿元为基础资产，发行规模为 7.21 亿元的专项计划受益凭证（表 2-13）。

表 2-13 南京城建污水处理收费资产证券化发行计划

符号	收益凭证存续期	发行规模	预期收益率
01 期	12 个月	1.21 亿元	2.9%～3.0%
02 期	24 个月	1.3 亿元	3.2%～3.3%
03 期	36 个月	2.3 亿元	3.5%～3.6%
04 期	48 个月	2.4 亿元	3.8%～3.9%

2.4.4.2 效果评估

南京城建污水处理收费资产证券化的发行，为我国污水处理基础设施融资带来了新思路。结合南京城建的实践经验可以看出，资产证券化的应用可以给污水处理基础设施行业的发展带来以下优势：

首先，与商业银行贷款相比，资产证券化可以节约融资成本。目前污水领域的主要融资方式还是银行贷款，以南京城建污水处理收费资产证券发行时的情况看，贷款利率约为6%，而资产证券化的利率约为5%。南京城建发行了7.21亿元的债券，可以节约总成本3 000万元。

其次，资产证券化可以解决污水处理基础设施建设资金短缺的问题。资产证券化是以未来收益作抵押进行融资的，这种做法，可以将建设过程中的沉淀资金流动起来，一方面有利于将社会闲散资金聚集起来，为污水处理基础设施建设所用；另一方面也可以缓解投资主体的资金短缺问题。

最后，资产证券化改善了企业的资产结构，有利于企业进一步融资。众多社会资本企业和城投公司靠商业银行贷款融资，在达到一定的负债率后，很难再进一步申请贷款；而资产证券化并不考虑负债率这一因素，而是以未来的收益为评价重点，因此，只要有好的资产，就有可能实行资产证券化。以南京城建为例，通过资产证券化筹来的资金，一部分用来偿还银行贷款，一部分用于新的基础设施建设，还有一部分用于污水处理厂的运营管理，这样不仅能够改善企业的资产结构，同时还能够保证污水基础设施建设和运营的可持续发展。

资产证券化为污水处理基础设施领域带来了新的融资思路，但是，在项目实施的过程中也遇到了很多问题，这些问题也同样是其他投资主体经常遇到的，主要包括：

☞ 关于污水处理费拨款的时间问题。资产证券化是以污水基础设施未来的收益，也就是污水处理费为抵押发行的，这需要污水处理费必须在规定时间划拨到指定账户。而南京市的污水处理费由自来水费代收，然后由财政拨款，财政拨款的时间并不固定，这就难以符合资产证券化的要求。通过与财政部门进行商议，财政部门同意定期拨款到指定账户，从而解决了这一难题。

☞ 关于担保。由于担保费用较低，对银行而言，远不如发放贷款收益大，因此银行不愿意为企业进行担保。为了解决这一问题，南京城建积极与银行方面进行沟通协商，鼓励银行与之一起进行金融创新，并探索进一步的合作意向，最终说服银行提供担保。

南京城建的资产证券化经历了一年的时间，尽管遇到了一系列的问题，但都得到了较好的解决。作为污水处理基础设施行业的首次资产证券化，它给整个行业带来了融资的新思路、新做法。

资产证券化自出现以来获得了迅猛的发展，在美国等资本市场发达的国家获得了广泛的应用。在我国，严格来说资产证券化刚处于起步阶段，资产证券化作为一种证券化融资方式，有利于打破投资主体融资工具单一、融资困难的局面。

2.5　环境基础设施建设投资压力分析方法与应用

为了比较评估地方政府环境基础设施建设的投资压力，我们设计了两个指标——"资金缺口"和"投资压力"来反映投资压力的大小。

2.5.1 资金缺口

资金缺口反映扣除政府财政原有的可支出资金以外的资金需求，是一个绝对值，其计算公式如下：

$$G = R - E$$

式中，G——环境基础设施建设资金缺口；

R——环境基础设施建设投资需求；

E——环境基础设施建设原有财政支出。

资金缺口反映财政资金在环境基础设施建设领域的资金供给充足程度。如果 $G \geqslant 0$，则表明维持现有的财政投资水平即可满足未来环境基础设施建设的投资需求，财政资金供给充足；如果 $G < 0$，则表明仅维持现有的财政投资水平难以满足未来环境基础设施建设的投资需求，财政资金供给短缺。财政资金不足的省份在进行环境基础设施建设投资时，可采用两种方式弥补：一是加大政府（中央和地方）的财政资金投入；二是通过引入社会资本来缓解财政投资资金紧张的压力。

环境基础设施建设财政支出可按照其占同期城市维护建设财政资金支出的比例进行预测。数据分析显示，2006—2010 年，历年城市排水设施建设支出占同期城市维护建设财政资金支出的比例基本维持在 6%～8%（图 2-29），城市环境卫生设施建设支出占同期城市维护建设财政资金支出的比例基本维持在 4%～6%（图 2-30）。城市维护建设财政资金支出可以通过历史数据的回归分析进行预测。

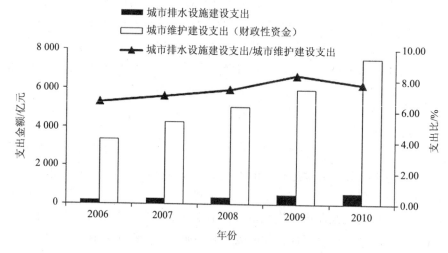

图 2-29　城市排水设施建设支出占同期城市维护建设财政资金比例

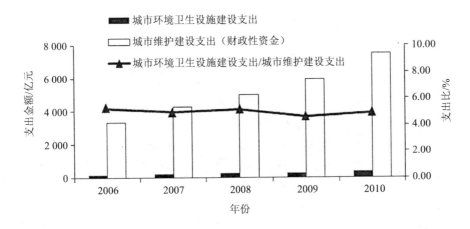

图 2-30　城市环境卫生设施建设支出占同期城市维护建设财政资金比例

2.5.2　投资压力

投资压力反映资金需求占地方财政收入的比重，是一个相对值，其计算公式如下：

$$P = R / I$$

式中，P——环境基础设施建设投资压力；

R——环境基础设施建设投资需求；

I——地方政府一般预算收入。

投资压力反映环境基础设施建设资金需求给地方财政带来的资金压力的大小。通过比较不同地区间投资压力的大小，可以了解不同地区对资金的需求程度，可以作为中央政府调配财政资金转移支付的一个依据，也可以为社会资本企业选择投资区域提供一定的参考。

2.5.3　环境基础设施建设投资压力分析应用

2.5.3.1　城镇污水处理设施建设投资压力分析应用

以"十二五"期间城镇污水处理设施建设为例，对我国省级地区的投资压力进行分析，为中央制定支持地方政府投资城镇污水处理设施建设相关政策提供依据。

（1）城镇污水处理设施建设融资需求——以"十二五"时期为例

根据《"十二五"全国城镇污水处理及再生利用设施建设规划》，"十二五"期间，全国城镇污水处理及再生利用设施建设规划投资近 4 300 亿元。其中，各类设施建设投资 4 271 亿元，设施监管能力建设投资 27 亿元。设施建设投资中，包括完善和新建管网投资 2 443 亿元，新增城镇污水处理能力投资 1 040 亿元，升级改造城镇污水处理厂投资 137 亿元，污泥处理处置设施建设投资 347 亿元，以及再生水利用设施建设投资 304 亿元（图 2-31）。

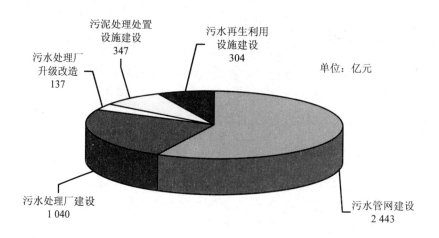

图2-31 "十二五"时期污水处理项目融资需求

（2）城镇污水处理设施建设投资压力分析

按照我们提出的计算方法，若继续维持城镇污水处理设施建设领域"十一五"时期的财政支出水平，除北京、江苏和山东外，其他地区"十二五"时期都存在不同程度的资金缺口，有统计，全国31个省、市、自治区资金总缺口达到2 238亿元（图2-32）。

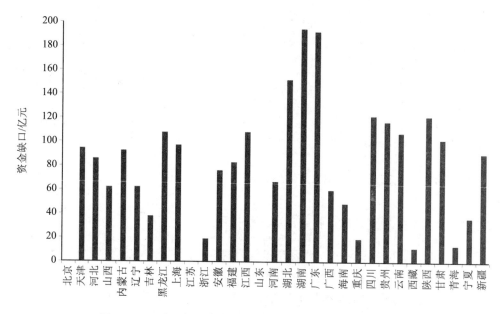

图2-32 "十二五"时期各地区污水处理设施建设资金缺口

"十二五"时期污水处理设施建设方面，湖南、广东、湖北、四川、陕西的资金缺口较大，均超过120亿元。除此之外，贵州、黑龙江、江西、云南、甘肃等地区的资金缺口也较大。

对比分析"十二五"时期各地区污水处理设施建设的投资压力（图2-33）可以看出，

海南、宁夏、甘肃、西藏、贵州等地区污水处理设施建设投资压力较大，污水处理设施建设资金需求占地方财政收入的比重超过 3.0%。尤其是对海南、宁夏和甘肃而言，这个比例超过 4.0%，远高于全国平均水平 1.29%。

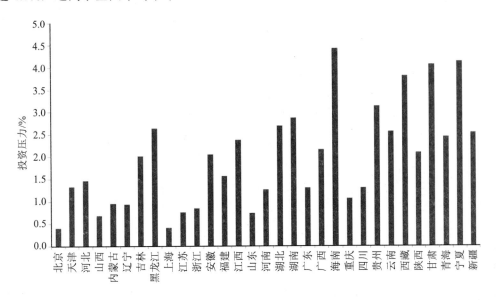

图 2-33   "十二五"时期各地区污水处理设施建设投资压力

2.5.3.2   城镇垃圾处理设施建设投资压力分析应用

以"十二五"期间城镇垃圾处理设施建设资金需求测算为例，对我国省级地区的投资压力进行分析。

（1）城镇垃圾处理设施建设融资需求——以"十二五"时期为例

根据《全国城镇生活垃圾无害化处理设施建设"十二五"规划》，"十二五"期间，全国城镇生活垃圾无害化处理设施建设总投资约 2 636 亿元。其中：无害化处理设施投资 1 730 亿元（含"十一五"续建投资 345 亿元）（图 2-34），占 65.6%；收运转运体系建设投资 351 亿元，占 13.3%；存量整治工程投资 211 亿元，占 8.0%；餐厨垃圾专项工程投资 109 亿元，占 4.1%；垃圾分类示范工程投资 210 亿元，占 8.0%；监管体系建设投资 25 亿元，占 1.0%。在众多设施中，生活垃圾无害化处理和餐厨垃圾无害化处理是可以市场化运作、收益较好的部分。

（2）城镇垃圾处理设施建设投资压力分析

按照我们提出的方法计算各地区垃圾处理设施建设的资金缺口（图 2-35）。若继续维持与"十一五"时期相同的财政支出水平，全国 31 个省、市、自治区资金总缺口约为 1 860 亿元。其中，广东、山东、上海、辽宁的资金缺口较大，均超过 100 亿元。除此之外，北京、陕西、湖南、湖北、云南等地区的资金缺口也较大。

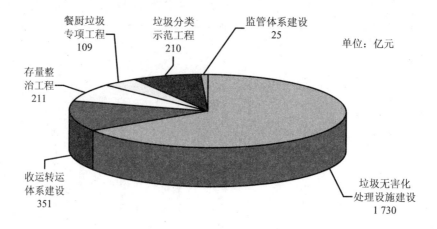

图 2-34　"十二五"时期垃圾处理项目融资需求

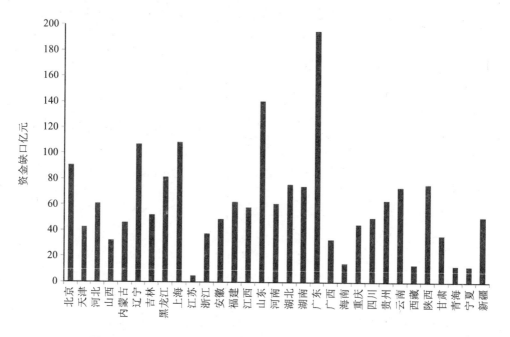

图 2-35　"十二五"时期我国各地区垃圾处理设施建设资金缺口

对比分析"十二五"时期我国各地区垃圾处理设施建设的投资压力（图 2-36）可知，西藏、青海、黑龙江、吉林、贵州的投资压力较大，垃圾处理设施建设资金需求占地方财政收入的比重超过 1.60%。尤其是对西藏和青海而言，这个比例分别达到 4.39% 和 2.46%，远高于全国平均水平 0.79%。

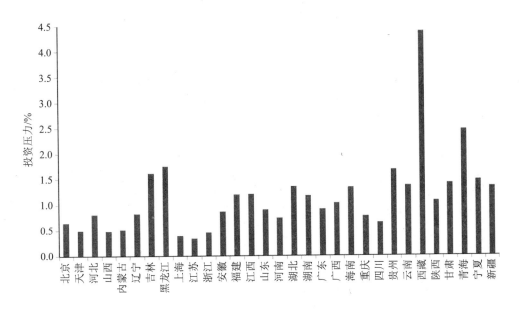

图 2-36　"十二五"时期我国各地区垃圾处理设施建设投资压力

参考文献

[1] Wakeman R.F. Municipal Wastewater Privatization – An Alternative with Solutions for Infrastructure Development，Environmental Compliance，and Improved Efficiency[R]. 1998.

[2] Michael Curley，Boca Raton. Efficiency Handbook of project finance for water and waste system[M]. Lewis Publisher，1993.

[3] 陈青，常杪. 我国城市污水设施建设资金缺口分布特征分析[J]. 中国给水排水，2007，23（24）：68-74.

[4] 张宏亮. 我国城市污水处理设施建设投资现状与问题分析[D]. 北京：清华大学. 2006.

[5] 林挺，常杪. 我国城市污水处理厂 BOT 项目建设现状分析[J]. 环境经济，2006，34（10）：46-51.

[6] David Hall. Private equity and infrastructure funds in public services and utilities[R]. UK：European Federation of Public Service Unions（EPSU），2006.

[7] 傅涛，陈吉宁，常杪. 城市水业投融资机制与资本战略[J]. 环境经济，2005，15（3）：31-35.

[8] 常杪，田欣. 社会资本参与污水处理基础设施建设的现状分析 [J]. 中国给水排水，2007，23（20）：73-77.

[9] 常杪，林挺. 我国污水处理厂 BOT 项目建设现状分析 [J]. 给水排水，2006，32（2）：101-106.

[10] 常杪. 水业领域投融资机制设计方法与国际经验[EB/OL]. http：//www.h2o-china.com/paper/viewpaper.asp? id=4102&viewit=yes，2004-08-23.

[11] World Bank. Governance，Investment Climate，and Harmonious Society：Competitiveness Enhancements for 120 Cities in China. 2006.

[12] 林挺. 城市污水处理厂 BOT 项目风险研究[D]. 北京：清华大学，2006.

[13] 陈青. 城市污水设施建设资金缺口分析与政府投融资模式研究[D]. 北京：清华大学，2007.

[14] 田欣. 中国 COD 减排工程设施建设投融资对策研究[D]. 北京：清华大学，2008.

[15] 彭丽娟. 城镇污水处理产业投资基金设计与应用研究[D]. 北京：清华大学，2008.

[16] 常杪，杨亮，小柳秀明.日本污水处理设施建设运营资金机制的启示[J]. 环境经济，2010，Z1：98-101.

[17] 常杪，郑飞，田欣.社会资本参与城市垃圾处理设施投资分析[J]. 环境与可持续发展，2010，2：24-27.

[18] 常杪，田欣，彭丽娟."十二五"时期城市污水处理设施建设资金需求分析[J]. 中国给水排水，2009，25（20）：6-11.

[19] 常杪，朱凌云. 政策性资金在我国城市水业设施建设中的作用与挑战[J]. 给水排水，2006，32（8）：110-114.

[20] 常杪. 我国现阶段城市污水处理领域投融资机制问题分析[J]. 中国环保产业，2005，5.

[21] 大卫·N. 海曼. 公共财政：现代理论在政策中的应用[M]. 北京：中国财政经济出版社，2002：52-53.

[22] 傅涛，陈吉宁，常杪，等. 城市水业改革的十二个问题[M]. 北京：中国建筑工业出版社，2005.

[23] 傅涛，常杪，钟丽锦. 中国城市水业改革实践与案例[M]. 北京：中国建筑工业出版社，2006.

[24] 常杪. 多元投资主体形势下政府水业投融资决策策略[C]. 2006 年城市水业战略论坛，2006-03-23.

[25] 常杪. 亚洲城市环境基础设施建设资金机制研究（日文）[D]. 日本：名古屋大学，2003.

[26] 国家环保总局环境与经济政策研究中心. 我国城市环境基础设施建设与运营市场化问题调研报告[N]. 中国环境报，2003-01-29.

[27] 刘鸿志. 国外城市污水处理厂的建设及运行管理[J]. 世界环境，2000，20（1）：31-33.

第3章 工业污染治理投融资

3.1 工业污染治理项目的特征

我们从两个角度来分析工业污染治理项目的特征。

（1）工业污染治理项目的投资事权主体与投资主体

包括工业污染治理项目在内，所有的环保项目均有其相对应的投资事权主体与投资主体，这不仅与每个项目的投资原则和特征有关，同时也受各个国家投融资机制的影响。表3-1显示了我国目前各类环保项目的投资事权情况。对于一些公益性较强、涉及公众利益、影响范围较广的大型环保项目，政府负有主要的投资事权；依据"污染者付费"的原则，企业对治理与其有关的环境污染、减少污染排放负有责任。

表 3-1　各类环保项目的事权主体与投资原则

投资事权	投资原则
环境基础设施建设 跨地区的污染综合治理工程 重点生态功能区和自然保护区建设与修复 重点流域水污染防治及水生态修复	公共利益最大化原则 污染者付费原则 受益者负担原则
削减排放的污染物，实现浓度和总量达标排放 修复企业污染的土地、水体等	污染者付费原则

在环保领域，企业的主要责任包括：治理由其生产活动带来的环境污染；负起环境损害赔偿责任，为其突发事件或长期慢性污染给当地居民或其他团体造成的危害进行经济赔偿；按照规定支付各级政府为了加强企业环境污染治理而收取的行政性事业收费（如排污费等）；支付政府为促进企业寻求更合乎环保要求的生产工艺或替代品而征收的相关环境税种；改造生产工艺、开展清洁生产、研发符合环保要求的新技术与新产品等。工业污染治理项目通常只包括工业企业的末端治理项目，涉及多个领域，包括工业废水处理项目，如工业废水处理设施建设与改造；工业废气处理项目，如烟气脱硫脱硝设施建设与改造、工业除尘等项目；工业固体废物处理及利用项目，如工业固体废物处理处置、危险废物收运与处理、煤矸石发电等综合利用项目等。工业污染治理项目的投资事权主体为工业企业。

但实际上，为鼓励企业环保项目的实施，政府往往会实施一些引导性、补助性的政策，进而承担了少部分的投资责任。这种做法被形象地称为"大棒+胡萝卜"政策。其中,"大棒"指政府通过制定和实施严格的政策法规体系控制企业的污染排放行为,是最为广泛使用的手段,如向企业征收排污费等。"胡萝卜"指各种优惠政策,例如税收优惠、优惠贷款和政府补助等,鼓励企业的治污活动,帮助企业解决资金问题。

在实践过程中,世界各国围绕着是否应该给企业治污提供"胡萝卜"政策产生了一定的分歧。有些国家认为根据污染者付费原则,政府无须为企业支付任何治理污染的费用,而有的国家(以日本为代表)则在企业污染治理最为艰难的时期给企业提供了很多优惠支持,也取得了不错的效果。事实上,政府在工业污染治理领域提供"胡萝卜"政策的目的不是要承担治理责任,而是要通过经济手段奖惩调动企业促使其积极投资污染治理项目。"胡萝卜"政策实施的原则是政府的财政补助要用于企业的污染治理,而不是增加企业的利润,从而造成不公平竞争。

世界各国政府对工业污染治理项目的支持力度有所不同。例如,有的国家直接提供政策性资金支持;有的国家则是基于污染者负担原则,并不为治污企业提供资金支持;但在一些污染者难以界定或污染者无法承担责任的大型污染事故中,也会出于环境效益和社会效益的考量投资于污染治理工作。我国也为工业企业污染治理项目提供了一定的政策性资金支持,我们将在下一节介绍具体的措施。

(2)企业规模对工业污染治理项目产生一定的影响

对于大型企业而言,企业的污染行为给社会带来的影响范围更大,特别是重污染行业,如冶金、火电、石油化工、焦炭、造纸等,一旦出现污染事故,往往事故级别较高;大型企业的污染物易于做到有组织的集中排放,治理成效显著,便于监管;大型企业通常是国家产业结构调整、产业布局、清洁生产技术改造、开展综合利用等工作的重点对象,而这些活动均可与工业污染源治理有机结合起来,从而取得更好的治理效果;大型企业自身具有一定的资金和技术实力,有能力进行污染治理投资;大型企业有能力建立完善的环境管理体系,设立专门的环保部门负责环境治理相关业务;大型企业易于获得国家在金融和财政政策方面提供的技术改造和污染控制支持;大型企业的融资渠道与融资环境也远好于中小企业。

对于中小企业而言,其技术设备水平大多较低,造成生产过程中资源利用率低、单位产值排污量高;中小企业数量多,污染源分散,治理成效不显著,不便于监管;中小企业通常自身的财力和技术实力不足,开展污染治理的难度上升;中小企业一般没有形成专业的环境管理体系,没有专门的环保部门负责环境治理相关业务;中小企业的融资渠道单一,贷款授信额度低,筹集污染治理设施建设资金的困难大;对于中小企业来讲,污染治理成本相对较高,存在规模的不经济性;中小企业平均生存期短、转产频繁、治污设备折旧成本高。

由于中小企业的污染治理落后于大型企业,往往大型企业污染治理取得成效以后,在整个工业污染负荷中中小企业所占比例迅速上升。基于中小企业的这些特点可知,改善中小企业污染治理状况的主要障碍集中在污染治理成本、资金筹措和环境监管三个方面。

3.2　我国工业污染治理投融资机制

总体来说，目前我国工业污染治理共有三大资金渠道：一是政策性资金，主要包括企业缴纳的排污费通过财政体系重新分配，以及中央及地方预算内资金等政策性较强、使用成本较低的资金渠道。二是企业靠自身积累形成的自有资金，这类资金不需要额外的投融资费用，主要包括公司设立时股东投入的股本或增资扩股时的股本金、企业留存收益中提取的生产发展资金和其他类型的专项资金、计提折旧资金、闲置资产变现等。三是金融机构贷款，包括商业银行贷款及国际金融组织贷款等，对于工业企业而言是借入资金，需要支付一定的投融资费用。上述资金渠道由于资金来源、资金性质的不同，对于使用对象、使用方向、使用成本的要求也有所不同。

3.2.1　政策性资金

3.2.1.1　资金来源

排污费和预算内资金是我国工业污染治理政策性资金的主要来源。关于排污费，1984年国家计委、城乡建设环境保护部、财政部等 7 部门联合发布的《关于环境保护资金渠道的规定的通知》明确了环境保护的八条资金渠道，其中关于排污费的使用办法规定："企业交纳的排污费要有 80%用于企业或主管部门治理污染源的补助资金。"这一政策的实施使我国首次有了稳定的污染源治理资金来源。1988 年，国务院颁布《污染源治理专项资金有偿使用暂行办法》，规定国家设立污染源治理专项基金，由省（自治区、直辖市）、市、县环保部门设立，委托银行进行贷款。

除了排污费以外，国家预算内资金也是工业污染治理项目的一个重要的政策性资金来源。国家预算内资金是政府财政支出的方式之一，包括中央财政和地方财政中由国家统筹安排的基本建设拨款和更新改造拨款，以及中央财政安排的专项拨款中用于基本建设的资金和基本建设拨款改贷款的资金等。在工业污染治理方面，国家预算内资金主要包括预算内基本建设资金、预算内更新改造资金和综合利润留成。

3.2.1.2　资金使用方式

排污费和国家预算内资金的使用方式主要包括以下两种：一是进入各类专项资金，例如环保专项、重点污染物减排专项等，再通过专项资金投入到项目中去；二是针对一些重要的项目，政策性资金也可以直接投放。

具体到排污费，为了加强对排污费使用的监管，提高使用效率，我国实行排污费"收支两条线"的管理模式。2003 年新的《排污费资金收缴使用管理办法》规定国家成立中央环境保护专项资金，并明确了环保专项资金的来源（图 3-1）和使用范围，以规范资金的管理。

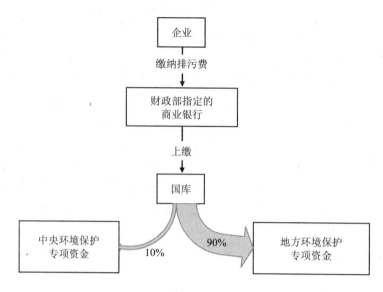

图 3-1   排污费的缴纳与使用

　　国家预算内资金的使用方式有投资补助和贴息两种方式,重点应用在市场不能有效配置资源、需要政府支持的经济和社会领域;环保投资项目很好地符合这两个特征,是该资金的支持内容之一。

3.2.1.3   资金量与资金流向

　　自 1981 年以来,环保专项在工业污染治理领域投放的资金量逐年增大;到 1988 年,平均每年有 15 亿元左右的资金投入工业污染源治理中。尽管资金投放波动较大,但规律明显,"九五"和"十五"时期均是开局前几年投入较少,规划末期投入猛增,反映出环保专项资金的使用受五年规划影响较大。

　　以 1996 年为界,之前环保补助资金在环保专项资金中占了较大比例,为 45%~69%(图3-2),而后环保贷款成为主流的使用方式,说明我国环保专项资金的使用方式开始从"直接提供"向使用经济激励手段提高资金使用效率的方向转变。这一转变能够从两个方面促进环保专项资金使用效率的提高:

☞　通过信贷杠杆吸引银行贷款等市场资金投入。与拨款方式相比,以贴息方式为工业污染治理项目提供援助不仅能够在一定的资金总量下支持更多企业开展治污工作,同时也带动了相当比例的商业银行贷款、社会资金等投放到工业治污项目,从而有效拓宽工业污染治理的资金来源,资金投入量得以成倍增长。

☞　从根本上减少了财政资金被挪用、滥用的可能性。针对环保贷款的使用方式,国家明确规定必须提供"经办银行出具的专项贷款合同和利息结算清单",才能够提供贷款贴息。与直接拨款相比,贴息客观上减少了环保专项资金被挪用、滥用的可能性。此外,环保贷款也将环保专项资金使用的监管任务,从环保和财政等政府部门部分转移到商业银行等市场主体身上,减少了政府部门的监管工作量,同时有助于发挥商业银行对资金使用风险的控制优势。

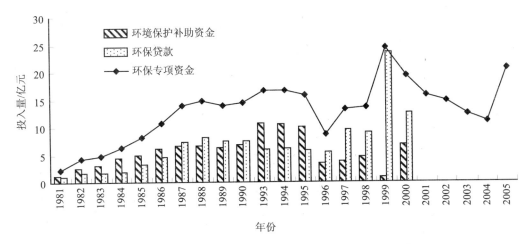

图 3-2　环境保护专项资金在工业污染治理领域的投入量

注：2001—2005 年的环境保护补助资金和环保贷款数据缺失。

从 2006 年开始，我国对工业污染治理项目投资来源的统计分类做了调整，分为排污费补助、政府其他补助和企业自筹三项。其中排污费补助和政府其他补助均属于政策性资金。自 2006 年以来，排污费补助资金在工业污染治理领域的投入逐年下降，但政府其他补助资金一直维持在较为稳定的投入水平。

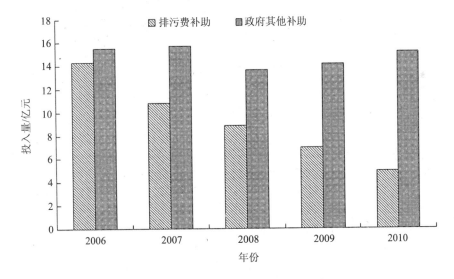

图 3-3　排污费补助与政府其他补助在工业污染治理领域的投入量

3.2.1.4　主要优点与局限性

对于工业企业而言，政策性资金的使用成本很低。在国家层面，政策性资金能够"集中力量"，保障国家政策的顺利实现。

我国使用环保专项资金已经超过 25 年，虽然在此期间资金的名称和使用方式有所改变，但其政策性资金性质并未发生实质性变化。环保专项资金的主要优点体现在以下两个方面：

1）稳定的资金来源。环保专项资金的主要来源是企业缴纳的排污费。近 20 年来，我国的排污费收入不断增长（表 3-2），截至 2010 年征收的排污费金额已达到 188 亿元。持续增长的排污费收入，能够保证环保专项资金有相对稳定的资金来源。

表 3-2　我国排污费收入变化情况

年份	缴纳排污费单位数	排污费收入/万元	超标排污费收入/万元
1992	247 100	8 330	181 086
2001	786 911	621 801.8	291 448.6
2006	671 465	1 456 443.5	—
2010	401 172	1 881 899.9	—

2）地方为主、中央为辅的组合优势。环保专项资金具有明确的中央专项和地方专项之分。地方专项根据地方环境污染情况规划资金用途，解决地区内的重点污染问题；中央专项则从国家层面进行宏观调控，协调各地区环保资金投入的分布，集中力量支持重点流域、重点项目的开展。中央专项和地方专项能够形成点与面的互补，从而发挥地方为主、中央为辅的组合优势。

尽管政策性资金本身具有很多优势，但是在使用过程中也存在一些局限性。政策性资金的规模与我国工业污染治理的投资需求相比还有较大的差距。政策性资金在工业污染治理方面的投入还存在资金量不断减少的问题。例如，国家预算内资金在工业污染治理领域的投资在 1999 年之后呈现了下降趋势。此外，与市场化运作的资金相比，政策性资金的来源单一，缺乏再融资的手段和工具，限制了资金规模的进一步扩充。

3.2.2　企业自有资金

根据"谁污染谁治理"的原则，企业作为污染主体，理应承担主要的治污责任。企业治污的投入量越大，反映出企业治污的力度越大、重视程度越高。

自有资金是企业自身积累所得，也是企业治污的重要资金来源。自有资金在企业治污总投资中的比例反映了企业治污的投资能力，但企业自有资金所占比例过高也说明企业在治污方面可获得的外部资金较少，外部融资存在困难。

3.2.2.1　资金使用特点

自 2003 年以来，企业自有资金在工业污染治理中的投入量先是迅速增长，而后缓步下降（图 3-4）。"十五"以来，为推动"COD 减排"和"SO_2 减排"双减政策的执行，我国相继出台了一系列信贷政策和产业政策，一方面积极鼓励企业投资工业污染治理，另一方面通过严格的环境执法严惩不达标企业，这使得企业自有资金投入量持续增大。

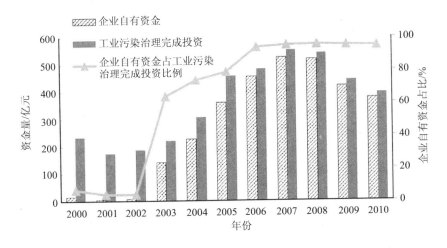

图 3-4　我国企业自有资金在工业污染治理领域的投入量

随着国家和社会各界对环境问题重视程度的不断提高，国家对高污染、高排放的工业企业审批越来越严格，自 2007 年以来，每年竣工的工业污染治理项目数量有所下降，工业污染治理的总投资与企业自有资金投入量也逐步减少。与此同时，工业企业作为污染主体也逐步认识到其治污的责任和义务，工业企业自有资金占工业污染治理投资的比重越来越高，最近几年这个比例一直维持在95%的高位，充分体现了"污染者付费"原则。

尽管总体来说自有资金在工业污染治理中的投入变化趋势较为明显，但是地区间的增长情况差异较大（图 3-5）。从投资总量来看，山东省、山西省、广东省、江苏省、辽宁省等地区的自有资金投入量最大；河南省、湖北省、浙江省、内蒙古自治区、河北省、天津市等地区投入量居中；而西藏自治区、青海省、海南省等地区的自有资金投入量较小。

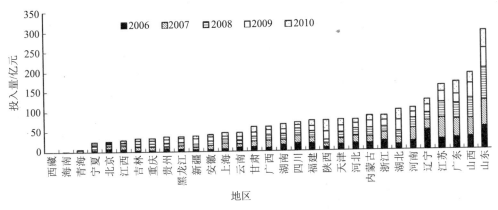

图 3-5　不同地区企业自有资金在工业污染治理领域的投入量（2006—2010 年）

3.2.2.2　主要优点与局限性

企业自有资金的所有权和使用权完全归企业所有，企业可根据需要自由支配。因此，在工业污染治理投资方面，企业自有资金在使用上具有很多优点：

1）使用灵活。企业有独立的资金支配权，因此在使用方向、资金规模等方面均有很强的灵活性。企业自有资金能够紧跟环境标准及政策的变化，国家环保政策、排污标准等对企业自有资金的投放均有很大影响。因此，配合强硬的环保政策，能够督促企业有效利用自有资金，达到污染治理的目标。

2）针对性强。企业最清楚自身问题所在，因此能够对特定的环境问题进行集中治理，使得资金的使用极具针对性。

3）投资效率高。企业自有资金的使用不会存在挪用的问题，企业对自有资金的使用进行规划、管理，显然要比其使用其他资金尤其是国家划拨的资金效率更高。

尽管企业自有资金在工业污染治理投资方面有很多优点，但是该资金的局限性也不容忽视：

1）超过一定比例将不利于企业发展。企业的现金流量是衡量企业财务状况的重要指标。一般情况下，企业自有资金主要用于再生产过程，以保证企业能够不断扩大生产规模和保证生产的持续运转。工业污染治理通常无法给企业带来利润，若自有资金用于工业污染治理的比重超过一定水平，企业将会丧失可持续发展的能力，不利于企业经济活动的顺利开展。

2）部分企业使用自有资金投资的能力欠缺。一般来讲，经济状况好的企业有能力使用自有资金投资，而对部分企业来讲，在竞争激烈的市场经济下，其自身的发展已经面临较大压力，缺乏拿出大量自有资金投资于没有太多经济效益的工业污染治理项目的能力。此外，污染严重的企业通常面临着较重的污染治理任务，若同时经济效益不好、技术相对落后，其自有资金的投入将严重不足。

3）企业的环保投资受经济大形势影响较大，特别是在经济危机等经济发展大环境不好的情况下，企业在环保领域的支出将面临很多不确定性。

4）企业自有资金针对能为企业产生一定经济效益的清洁生产、节能等项目的投资是比较积极的，对于末端治理类项目虽然可以减少排污费的支付，但是其能带来的经济收益很小，除非在环境资源价值高且能通过排污权交易等手段得以变现、强制性减排要求高且监管严格时才会主动加大投资。

3.2.3　商业银行贷款

外源融资方式中，商业银行贷款最为便捷、灵活，是企业重要的融资手段。伴随着我国经济的迅猛发展，金融行业日渐成熟，我国商业银行的贷款能力大幅提高，贷款额度年均增长显著。自 1984 年以来，环保部门、人民银行等机构相继发布政策法规，鼓励商业银行对企业工业污染治理提供贷款融资，为工业污染治理项目申请商业银行贷款提供了政策保障。

自 2007 年以来，我国环保部门、金融机构、金融监管部门联合开展"绿色信贷"行动，依据国家的环境经济政策和产业政策，对高污染企业的新扩建项目贷款进行额度限制，同时对研发和生产治污设施、从事生态保护与建设、开发和利用新能源、从事循环经济生产和绿色制造以及生态农业，以及开展治污项目的企业和机构提供贷款扶持并实施优惠性的低利率，以引导资金和贷款从破坏、污染环境的企业和项目中适当抽离，流入促进国家环保事业的企业和机构，从而实现资金的"绿色配置"，促进我国的可持续发展。随着"绿色信贷"政策的实施，商业银行开始关注我国工业企业的污染治理项目，并提供了相应的资金支持。

3.2.3.1　资金量与流向

自 2003 年，每年用于工业污染治理的商业贷款均维持在约 30 亿元（图 3-6）；2010年，银行贷款仅占全部工业污染治理投资的 7.9%左右，在企业自筹资金中的比例也仅为8.3%。这说明尽管实施了"绿色信贷"政策，银行贷款在工业污染治理领域的投入仍然非常有限，商业银行对工业污染治理项目的贷款积极性并不高。产生这一结果的主要原因是工业污染治理项目的性质和特征与商业银行的利益诉求有所不同。尽管工业污染治理项目具有较好的社会效益和环境效益，但通常投入较大且不产生经济效益。这种无法产生现金流的项目很难吸引商业银行对其进行贷款。在投资机会众多的中国，有强烈逐利目的的商业银行，在工业污染治理方面的贷款显得非常有限。

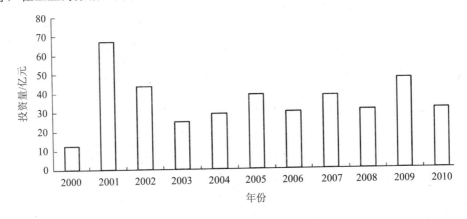

图 3-6　银行贷款在工业污染治理方面的投资量

从我国 31 个省（市）、自治区的贷款情况看，我国中西部地区获得的银行贷款资金处于较低水平，而一些经济较为发达的地区获得了大量的贷款资金（表 3-3）。商业银行的逐利性使其在发放贷款时更注重申请单位的经济利润水平，而发达地区的企业通常要比欠发达地区企业的经济水平高、融资环境好，对于信贷风险的控制能力更强，更易受到商业银行的青睐，这也是商业银行在中西部地区放贷规模较小的原因之一。

表 3-3　2006—2009 年我国商业银行贷款在工业污染治理方面的流向

比例	地区
10%以上	湖北、山东
5%~10%	江苏、广西、河南
3%~5%	山西、云南、湖南、江西、辽宁、甘肃、安徽、四川
1%~3%	浙江、河北、陕西、贵州、黑龙江、内蒙古、吉林、北京、福建、天津、重庆、新疆
<1%	广东、青海、宁夏、海南、上海、西藏

3.2.3.2　主要优点与局限性

商业银行贷款作为工业企业重要的融资渠道，在使用方面有很多优势，其主要优点包括：

1）利用资金杠杆作用扩大污染治理投资。通过商业银行贷款进行融资通常只需要一定比例的自有资金，就能够撬动较大规模的资金量，用于污染治理投资。此外，随着我国经济的不断发展和人民生活水平的不断提高，银行储蓄量增长快速，贷款货币供应量充足，这为商业银行贷款用于工业污染治理投资提供了资金保障。如果能够将商业银行的资金运用得当，将对缓解我国目前工业污染治理资金不足的现状有很大的帮助。

2）资金使用效率高。商业银行贷款的使用通常遵循专款专用政策，对资金的使用用途有明确规定，因而能在很大程度上避免资金被滥用。在贷款资金的使用过程中，增强了商业银行这样一个市场主体对资金的使用进行监督和风险控制能力，能够在一定程度上提高资金使用效率。

然而，商业银行贷款用于工业污染治理项目的一个主要问题是使用成本较高。我国商业银行执行央行基准利率上下浮动的政策，但一般下浮的几率较小。工业污染治理项目具有前期投资高、项目本身不产生现金流的特点，因此贷款必须由企业的其他利润来源进行偿还，使用商业银行贷款进行工业污染治理项目的投资对于企业来说成本较高。

3.2.4　国际金融组织贷款及双边贷款

国际金融组织及双边机构在环保领域为我国提供了经济和技术援助。世界银行、亚洲开发银行、日本国际协力银行和德意志复兴银行是投资于我国环保领域的主要国际金融组织及双边机构。国际金融组织及双边机构通常对环保项目非常重视。以世界银行为例，早在 1987 年，就成立了环境总局，建立了一套健全的机构体系，保证环境政策的执行。然而，国际金融组织在我国的工业污染治理方面的投资非常有限，主要原因是，国际金融组织与双边机构的资金使用通常需要国家及地方财政的担保。这对于工业污染治理项目贷款有两个方面的制约：一是工业污染治理通常是企业责任，一般不会列入地方政府的重点项目，因此企业很难有机会申请国际金融组织及双边机构的贷款；二是即使有机会申请，也只限于国有及大型企业，政府通常不会为私营企业和中小企业提供财政担保，这些因素均限制了该项资金在工业污染治理项目中的使用。

3.3　我国中小城市工业污染治理投融资现状——以黑龙江省双鸭山市为例

为了进一步理解我国工业污染治理投融资机制是如何运行的，我们以黑龙江省双鸭山市为例，就中小城市工业污染治理投融资的实践情况进行介绍。

3.3.1　双鸭山工业污染治理主要资金渠道

双鸭山是黑龙江省的一个地级市，位于黑龙江省东北部，是一个煤炭资源型城市。

双鸭山市工业污染治理投资经历了从无到有、从少到多、从单方面企业自筹到多渠道融资的过程。"九五"之前，工业污染治理资金来源基本是企业自筹，资金投入量少，治理成效不明显。经过近 15 年的发展，"十一五"双鸭山市工业污染治理投资呈现出多元化的融资格局。这些融资渠道包括国家、黑龙江省对污染减排项目的奖励资金和补助资金；对一些大规模治理项目的政策性补助资金；企业申请环境保护部门的返投资金；基于特定污染治理项目的低息贷款；企业自筹及地方政府财政补助等。

这些资金进入双鸭山市的渠道主要包括五大类：①工业污染治理项目在市、县、区级发改部门立项，层层上报至省、国家发改部门，由国家、省发改部门核准补助资金额度，国家、省两级财政予以拨付的资金；②地方各级环保部门收集工业污染治理项目，层层上报后由省、国家环保部门核准补助额度，由国家、省财政部门拨付的资金；③国家、省、市级环保部门针对特定污染治理项目下发的奖励资金，这部分资金先拨付至各级财政，然后向企业发放；④企业自行申请的环保返投资金，这部分资金经各级环保部门确认后，由相应的各级财政发放；⑤按国家相应政策，向指定银行申请的低息贷款。

3.3.2　双鸭山市工业污染治理设施建设与投资现状

截至 2013 年 6 月，双鸭山市 51 家重点企业共建有废水防治设施 43 台/套，90%以上建于 2000 年后，总投资 55 305 万元，年运行费 8 011 万元。设备投资主要来源于企业自筹，另有近 2 200 万元来自排污费返投，3 600 万元来自政策性资金投入。

51 家重点企业共建有废气防治设施 184 台/套，总投资 54 059 万元，运行费每年 4 516.8 万元。设备投资主要来源于企业自筹 52 049 万元（占比 96.3%），来自排污费返投的资金为 1 030 万元（占比 1.9%），政策性资金投入 980 万元（占比 1.8%）。

3.3.3　双鸭山市工业废水治理投融资案例分析

我们以双鸭山市龙煤双鸭山分公司（矿务局）矿井水治理投资为例，分析双鸭山市工业污水治理状况。

双鸭山自 20 世纪 50 年代建市以来就是一个以煤炭开采为主的资源型城市，采煤过程中产生的疏干水几十年来一直是经井底水仓简单沉淀后抽出外排。现在整个双鸭山矿区国有大矿和地方小矿每年向环境排放矿井水 4 300 万 t，这部分水污染较轻、成分简单，主要含悬浮物和少量的化学需氧量，以及微量的铁、锰、硫酸盐、碳酸盐等。治理、回用这些废水不但可以解决环境污染问题，还可以缓解双鸭山市工业、生活用水紧张的局面。

双鸭山市矿井水治理始于 1995 年，属于国内较早开展此项工作的地市之一。1995 年双鸭山市城市中心尖山区的水源地水量枯竭，而第二水源地正在前期勘探、立项阶段，为缓解城区生产、生活用水紧张局面，市政府与矿务局拟合作建设一座日处理规模 2 万 t 的矿井水处理厂。当年投资共 700 万元，企业自筹 300 万元，政府投入 400 万元，处理集贤矿的井下矿井水，达标后供部分市区生产及民用。1996 年 10 月矿井水处理厂投入运行，极大缓解了市区供水紧张的形势。1991 年前，七星矿还建了一座较小的日处理规模 0.2 万 t 的小型矿井水处理厂，这两个工程可以说是见证了双鸭山市矿井水处理的起步。2000 年后，集贤水厂由于个别出水水质指标达不到饮用水标准，又进行了一次改造。2002 年，集贤水厂能够实现 2 万 t/d 的稳定达标供水能力。以此为基础，双鸭山市结合"十一五"减排工作，于 2008 年又开工建成了双阳、新安两个矿井水处理厂，其中双阳水厂投资 4 000 万元，日处理水能力 4 万 t，企业自筹 2 200 万元，国电双鸭山发电有限公司（以下简称"国电"）投入 1 000 万元，争取国家环保补助资金 800 万元；新安水厂投资 3 000 万元，日处理水能力 3 万 t，企业自筹 1 300 万元，国电投资 1 000 万元，争取环保补助 700 万元。这两家处理后的水除部分民用及用于本矿生产外，大部分供国电生产使用，而国电也因为这个原因对项目进行了投资。在运营费方面，新安水厂每年花费 520 万元，双阳水厂每年花费 690 万元，这些费用来自卖水收入。这个项目使新安、双阳两地取消了原地下水水源，双阳每天少抽取地下水 6 000 t，新安每天少抽取地下水 7 000 t。更为重要的是，这两个水厂成为国电三期的定点水源，极大地减少了国电生产过程中抽取的地下水资源，使当地日益枯竭的地下水资源得到保护。

该案例是双鸭山市在工业污水治理中较为成功的一个，不仅实现了工业废水处理后的回用、解决了部分地区供水紧张的问题，同时又通过两个企业间的成功合作，创造了一种新的污染治理投资模式（图 3-7）。矿井水处理项目因其产品的市场需求大，如果融资机制运行得当，可以解决资金的投入问题。这个案例中的电力企业、建设单位、地方政府、相关部门既是投资主体也是受益主体。对于双鸭山市这样一个缺水城市，矿井水处理的投资潜力很大，处理后的中水利用会有广阔的市场。

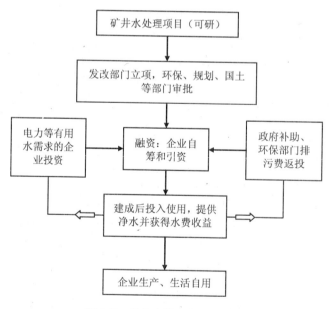

图 3-7　矿井水处理投融资模式

3.3.4　双鸭山市固废综合利用投融资案例分析

双鸭山市是一个因煤而立的城市，自新中国成立以来就以煤炭开采和洗煤为主业，多年的开采在各个矿井留下了无数大大小小的矸石山。截至 2013 年,已累计堆存煤矸石 5 400 万 t,占地 120 万 m²,既污染了周边环境,又占用了土地资源。煤矸石的综合利用成了双鸭山市亟待解决的难点问题。

1991 年,双鸭山市成立了东方空心砖厂,该厂当年属集体所有制企业,1996 年改制为股份制企业。该厂于 1991 年引进法国煤矸石制空心砖生产线,在消化吸收的基础上再创新,使这条生产线由水土不服变成了适应双鸭山地区特点的本地机械。经过多年实践,该厂在这条生产线基础上对大多机械设备进行了升级改造,同时企业成立了制砖生产设备分厂,将多项自创专利用在制砖机械上,形成自己特有的制砖机械生产线。当年该企业建厂投资仅为 2 900 万元,并全部实现了股份制,年产标砖 7 000 万 t,年耗煤矸石 67 500 t,成为双鸭山市首家成功利用煤矸石制砖的企业,其设备分厂也成为产、供、销、建一条龙的国内知名空心砖生产企业。

"十一五"期间,由于双鸭山市基础建设的迅猛发展和城市化扩张,建材行业获得空前的发展机遇。由于煤矸石取材容易,空心砖厂一次性投资少,建厂周期短等优势,国家对综合利用项目又有一定的优惠政策,双鸭山市形成了煤矸石空心砖厂的投资建设高潮。仅 2008—2011 年不到 4 年的时间里,双鸭山市就新建煤矸石空心砖厂 19 家,累计规模达 110 000 万块标砖/a,建厂总投资达 61 010 万元,实际产能为 92 624 万块标砖/a。与此同时,双鸭山市关停、取缔了所有黏土砖厂,保护了土地资源,成为全国煤城中煤矸石综合利用的发达地区。这说明,在大综固体废物处理和综合利用方面,双鸭山市依靠市场经济探索出一套有地方特点的投融资模式,对今后类似的废弃物综合利用项目投融资有一定的借鉴作用。

3.4　工业污染治理投融资国际经验

3.4.1　日本工业污染治理投融资经验

在第二次世界大战以后,日本经济得到迅速发展,日本很快就进入了快速工业化时期。在经济持续以两位数的速度增长的同时,日本也面临着产业污染加剧、生态环境恶化等问题。20 世纪五六十年代,日本的工业污染问题达到顶峰,"四大公害"就是日本工业污染的真实写照。在 20 世纪 70 年代,日本的工业污染问题,尤其是水污染问题,与中国现在一样面临着很大的困难:有机污染问题较为严重,湖泊的 BOD、COD 达标率均低于 50%,河流的 BOD、COD 达标率也不足 80%。

面对重重困难,日本采取了一系列措施开展工业污染防治工作,并取得了令人瞩目的成绩。总体来说,日本工业污染治理工作的成功取决于日本一体化的环境管理机制、经济与技术政策的执行,以及完善的法律法规体系,而大量的环境投资以及由此带来的强劲的环境技术开发,也为工业污染治理政策的推行提供了资金和技术支持。

3.4.1.1　工业污染治理投资主体与投资量

在日本,工业污染治理的投资主体包括企业、地方政府和中央政府附属的金融机构。其中，企业的投入所占比例最大，其资金来源主要包括企业自有资金和商业性贷款（表 3-4）。

表 3-4 日本工业污染治理投资主体及投资额（1991 年）

投资主体	投融资方式	投资额/亿日元	比例/%
企业	企业自有资金	3 490	71
	商业性贷款		
地方政府	贷款	190	4
	无偿补助	60	1
中央政府附属的金融机构	环境事业团	300	6
	其他	890	18

3.4.1.2 政策性资金的使用

为了帮助企业进行污染治理投资，日本建立了一套有效的援助机制。日本投入工业污染治理方面的政策性资金主要可以分为两大类：政府财政直接补贴（类似于我国的政府财政拨款）和政策性优惠贷款。其中，政府财政直接补贴比例很小；政策性优惠贷款在 20 世纪 70 年代为日本各类企业的污染防治工作起到了积极的推动作用，投资额所占比例达到了整个工业污染治理投资的 1/4，很大程度上分担了企业自身的投资压力。

（1）政策性资金的种类

根据发放贷款机构的不同，日本的政策性贷款主要可以分为以下几类：

一是日本开发银行（现改名为日本政策银行）提供的低息贷款。日本开发银行的主要服务对象是大企业。自 1965 年开始向污染企业提供低息贷款，贷款利率比商业银行低一个百分点，贷款额可以达到项目总投资的 50%。据统计，1974—1976 年的 3 年里，日本开发银行提供的与工业污染治理相关的融资额超过日本开发银行年度融资总额的 25%。在 20 世纪 70 年代，为大企业的工业污染治理提供融资服务是日本开发银行的主要业务之一。

二是日本公害防治事业团（现改名为日本环境事业团）提供的优惠贷款。日本公害防治事业团在 20 世纪 60 年代由日本中央政府设立，其使命是针对环境问题，对私营企业和地方政府提供技术和财政上的支持，主要从事建设和转让项目、贷款项目、以环境保护为目的的全球环境项目。日本公害防治事业团的主要服务对象是中小企业。中小企业占日本企业数量的 90%以上，污染物排放量占总量的 50%以上，是工业污染治理的重点关注对象。日本公害防治事业团的贷款利率是所有工业污染治理融资方式中最低的，而且，其对项目的贷款比例可以达到项目总投资的 80%，这对于中小企业而言非常具有吸引力。除了提供优惠贷款外，日本公害防治事业团还为企业提供配套的环境技术咨询、产业技术更新等支持，帮助企业渡过难关。

表 3-5　日本金融机构提供的工业污染治理优惠贷款（1975 年）

金融机构	贷款利息/%	偿还期限/年	最大贷款额	贷款数量/亿日元
日本开发银行	8.00	10	项目投资的 50%	1 723
日本公害防治事业团	6.85	10	项目投资的 80%	1 265
中小企业金融事业团	7.00	10	每笔贷款不超过 150 亿日元	180
国家金融事业团	7.00	10	每笔贷款不超过 18 亿日元	17
合计				3 185

此外，中小企业金融事业团和国家金融事业团等政策性金融机构也为各类企业提供了一定比例的优惠资金，但相对于日本开发银行和日本公害防治事业团而言比例较小。

（2）政策性资金的资金流解析

日本政府在为工业污染治理提供优惠贷款的这些机构的资金运作中发挥了重要的引导作用。以日本公害防治事业团为例，图 3-8 显示了其资金来源和使用方向。具体来说，其主要资金来源有两个：财政投资和融资资金、国家财政预算资金。其中，财政投资和融资资金主要是由保险等公共基金及邮政储蓄资金提供，并以低息贷款的方式支持中小企业的工业污染治理工作；此外，一些与全球环境问题相关的项目也可以直接得到该资金的资助。国家财政预算资金的主要来源是税收收入，用于支付管理费、国家自然公园建设补助；此外，环境事业团接受企业委托的污染防治建设项目，建成后以成本价出售给企业，国家财政预算资金还可用于这部分建设费用的利息差额补助。

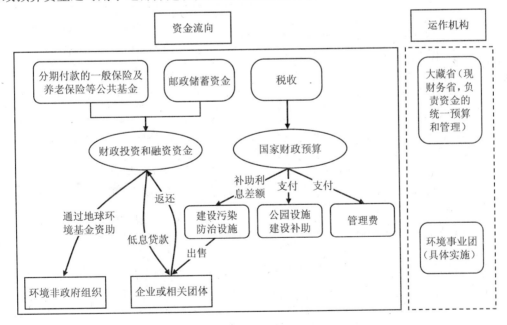

图 3-8　日本环境事业团资金流向

（3）政策性资金的使用效果

20 世纪 60—80 年代，日本的政策性低息贷款占工业污染治理投资的比例一直保持在较高的水平。世界银行的研究表明，与商业性的贷款相比，政策性低息贷款给企业带来的收益净现值约为 87 亿日元，有力地激励和帮助了企业开展工业污染治理工作。

3.4.2 德国工业污染治理投融资经验

德国在工业污染治理方面的投资独具特色，德国政府通过三种方式支持企业进行污染治理，包括政府财政补贴、税费优惠及优惠贷款。

德国政府的投资补贴是促进企业开展污染治理及节能减排工作的重要手段之一。具体措施为：凡是为节能减排进行投资的企业，可以向其从属的财政部门申请补贴，补贴额约为投资额的 7.5%；凡是减少环境污染而进行的设备更新改造投资，经过审核，可向联邦环保局提出申请，补贴额可高达 50%。

德国的税收优惠政策也为企业开展环保工作提供了优厚条件，具体措施是：凡用于技术进步的开支，计入生产开支，列入生产成本，不列入计税基数；其中凡直接用于环境保护的设备的资产，或者 70%以上用于环保设备投资的，可在 5 年内全部折旧。

此外，无论是政策性金融机构还是私人金融机构，均为企业的环保投入提供多项优惠政策。德国复兴银行、欧洲投资银行和欧洲区域发展基金等机构，对企业的技术改造、节能和改善环境的项目均予以优惠贷款，其特点是期限长，利率低。表 3-6 显示了部分机构为企业环保项目提供的优惠贷款情况。

表 3-6 部分金融机构为企业提供的优惠贷款

项目	支持方向	贷款额度	利率
欧洲复兴计划	污水净化、空气净化、清除垃圾方面的技术革新与改造项目，及新建项目	项目投资的 50%	5%
	有益于环境的设备和产品、工艺与技术革新	项目投资的 25%～50%	
	营业额在 5 000 万马克以下，职工在 200 人左右的中小企业在改善环境方面的投资	30 万马克	5.5%
	中小企业在空气净化方面的投资	项目投资的 50%	5%
重建信贷企业贷款	企业技术改造、设备更新、环保等项目	投资额的 2/3	前 10 年为 5%，后 10 年以市场利率计息
中小企业规划	支持中小企业的技术改造，扶持企业进行风险性投资	最高额 1 000 万马克	5.5%，年限不限

作为德国的政策性金融机构，德意志复兴银行在环保领域的贷款也为各类企业提供了大量优惠资金。在环保项目方面，德意志复兴银行的贷款要求为：项目必须能够提高能源使用效率、使用可再生能源、用循环经济的方法处理垃圾、减少废水产生、排放要达标等。该贷款通常利息低、期限长，最初几年可免息；项目还可以与其他项目进行组合实施。

图 3-9 显示了德意志复兴银行在环保项目贷款方面的资金流向。具体来说，德意志复兴银行并不参与项目的具体执行工作，而是针对开户行的信用等级情况来确定给予开户行

的贷款额度和利率，而后开户行根据企业及项目的具体情况为环保项目提供优惠贷款，风险通常由开户行承担，但可以由复兴银行设立的投资基金承担 50%的风险。对于中小企业而言，除了获得开户行的贷款外，还可以从其他银行另外申请贷款。

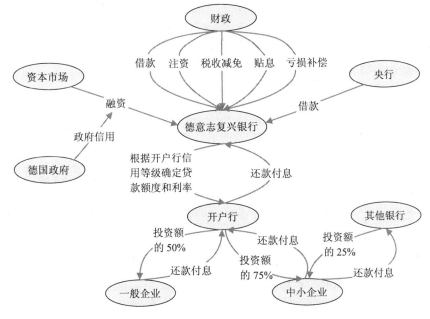

图 3-9　德意志复兴银行在企业环保项目贷款方面的资金流向

为了确保德意志复兴银行的正常运转，德国政府给予其一系列优惠政策，包括：

☞　为德意志银行提供与国家主权同等的信用，帮助其在资本市场能够以很低的成本进行融资。

☞　在资金困难时，财政随时注资。

☞　德意志复兴银行可以向财政和央行以较低的成本借款。

☞　德国政府对其亏损进行补偿，具体方式为，一是德国政府从预算中向复兴银行的风险基金以 1%的利差拨付现金；二是德国政府和复兴银行各自承担 25%的第一债权人风险。

☞　德国政府对复兴银行提供贴息和税收减免。

为企业开展环保工作提供了大量资金支持的德意志复兴银行具有明显的政策性特征，这不仅体现在其对环保项目提供的优惠政策上，同时体现在德国政府对这一系列优惠政策的支持，以及为了保证这些优惠贷款的正常运作所采取的一系列优惠措施。此外，德意志复兴银行本身并不开展针对企业层面的信贷业务，它直接与企业的开户行进行业务往来，这种做法不仅减少了德意志复兴银行的工作量、降低了操作成本，同时也能够撬动大量的商业银行贷款、充分发挥商业银行的信贷运作经验和风险控制经验，从而提高贷款质量与效率。

3.5 我国工业污染治理投融资实践与案例分析

随着我国主要污染物减排目标的实施，工业污染治理的投资需求日益增大，仅靠财政资金支持难以满足工业污染治理需求。与此同时，在绿色信贷政策的推动下，商业银行也推出了一系列的措施支持工业污染治理项目的实施。我们选取了两个具有特色的案例来介绍中国在工业污染治理投融资领域的实践。

3.5.1 排污权抵押贷款

3.5.1.1 模式特点

强化污染物总量控制是我国近年来非常重视的一项环保工作。为保证总量控制能够顺利实施，各级政府采取了一系列的配套手段，其中完善排污权交易是一种较为有效的方式。总量控制的特点在于能够通过制定合理的总量控制目标，保证环境质量的改善或不恶化。开展排污权交易则能够在既定的总量控制目标下，合理地安排治理活动，配置环境资源，通过交易市场实现排污权的流通，从而降低污染治理的成本。

随着各地排污权交易市场的建立，我国的排污权交易已经开展了很多实践与试点。然而，购买排污权对企业来说是一笔不小的资金投入。如何鼓励企业购买排污权，帮助企业解决排污权购买过程中的融资问题，成为推广和实施排污权交易的一个关键问题。嘉兴市的排污权抵押贷款实践，为解决这一问题提供了重要的思路。

嘉兴市是我国最早开展排污权有偿使用和排污权交易的试点城市之一。自 2000 年以来，嘉兴市的排污权交易开始向规模化、制度化迈进，并于 2007 年 11 月 1 日在全国最先建立起了排污权交易中心，将化学需氧量（COD）和二氧化硫（SO_2）这两大污染物纳入管理。截至 2010 年 8 月，嘉兴市排污权成功交易金额累计达 1.86 亿元，参与交易的企业超过 1 000 家。

在排污权交易市场上，排污权指标通过购买取得，且可以实现有偿转让，这就使其具有了抵押物的基本属性，银行可以考虑以此为抵押物提供融资支持。2003 年，嘉兴银行推出了排污权抵押贷款。排污权抵押贷款是指借款人以有偿（支付对价）取得的排污权为抵押物，在遵守国家有关金融法律、法规及银行信贷政策的前提下，向贷款行申请获得贷款的融资活动。结合嘉兴市的实际条件，嘉兴银行一方面开展银政合作，与环保部门经过多次研讨，签订了银政合作协议，明确各自权利、义务；另一方面，从自身制度入手，建立了《嘉兴银行排污权抵押贷款管理办法》、《嘉兴银行排污权抵押贷款操作流程》等相关管理办法，为排污权抵押贷款的实现制定出较为有效的资金使用机制（图 3-10）。

排污权抵押贷款的流程是：企业向银行提出申请，银行受理，银行进行调查审核审批。在调查时，着重对抵押物——排污权的价值进行调查。在审批通过后，双方签订合同，并办理抵押登记手续，登记后向企业发放贷款。其中，环保部门的抵押登记部门受理排污权抵押登记申请，并对申请抵押登记的排放权查档。抵押权利的实现方式，主要是环保部门根据抵押权人和抵押人的申请，回购排污权。

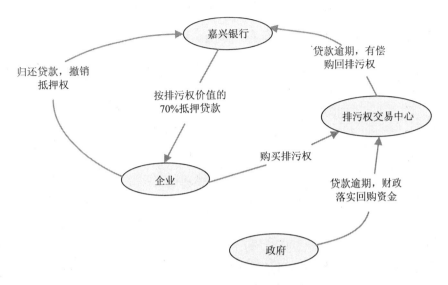

图 3-10　嘉兴银行排污权抵押贷款资金流向

　　有偿取得排污权的企业，可以依据排污权价值，将排污权抵押给银行获得贷款。如授信到期，企业如期归还贷款，银行则会撤销抵押权，将排污权归还企业。如贷款逾期，银行可以依据抵押企业的委托，申请由排污权交易中心有偿收购排污权；抵押企业也可以经银行同意，提出申请由排污权交易中心有偿收购全部或部分排污权。在排污权交易中心回购排污权后，银行可以用收回的款项归还企业所欠债务。同时，政府财政将会落实排污权交易中心的回购资金。

　　嘉兴银行在排污权抵押贷款中采取了很多风险防范措施，主要包括四个方面：

- ☞　严格客户准入条件，在受理排污权抵押贷款业务时，注重第一还款来源，不将还款来源全部寄托于处置抵押物。
- ☞　建立抵押物流通机制。明确当贷款逾期后，企业所购排污权由交易中心回购，并由财政落实回购资金。
- ☞　确立排污权抵押折率。目前嘉兴银行将排污权抵押折率设定为 7 折，即 100万元的抵押物可申请 70 万元贷款。这在一定范围内可以消除排污权价格波动带来的风险。
- ☞　嘉兴银行在重视自身风险控制的同时，兼顾企业经营的连续性。在整个过程中，环保部门履行回购排污权义务时，嘉兴银行与环保部门进行充分的沟通协商，允许被回购企业临时租借排污权，避免停产情况的发生，减少对社会的影响。

　　此外，为了在更大的范围内推进排污权抵押贷款，嘉兴银行与嘉兴市政府签订了协议，将财政资金引入排污权抵押贷款体系，保证地方政府在回购排污权时的资金来源。

3.5.1.2　效果评价

　　排污权抵押贷款这一模式如果能够顺利实施，可以建立起一个对政府、企业及银行都有利的"共赢"机制。

对政府来说，排污权抵押贷款有利于排污权交易制度的深化，推进排污权的有序流转，优化环境资源配置。企业参与的积极性大大提高，有力推动了政府倡导的节能减排工作的开展。随着生态文明建设的进一步推进，减排力度还会继续加大，减排指标种类也在不断扩大，排污权的交易量也在扩大。排污权抵押贷款尝试找到了一个金融介入绿色经济的切入点。

对企业来说，在排污权空余时将其抵押给银行，能够缓解中、小企业贷款担保难问题，以此缓解资金压力，节约融资成本。排污权具备了资产和资本的功能，企业购买排污权，相当于买进了土地、设备等资产，丰富了贷款方式，增加了企业的融资渠道。

对银行来说，有利于促进其绿色信贷投放和融资服务的转型升级。排污权抵押贷款有利于丰富贷款品种，完善服务功能，同时银行的贷款风险也会有所保障。

3.5.1.3 应用性分析

开展排污权抵押贷款的首要前提是排污权有价有市，即排污权可以通过市场出售获得资金。因此该模式的应用需要考虑地方的实际情况，即是否可以开展排污权交易。目前，我国的排污权交易已经开展了大量实践，浙江省、江苏省、天津市、湖北省、湖南省、陕西省、山西省、河北省、内蒙古自治区、河南省、山东省等地都开展起排污权试点工作。这些地区的排污权交易中心、环境能源交易所等管理机构相继成立，为排污权抵押贷款的实施创造了条件。

排污权抵押贷款还存在着一定的政策风险，其主要原因是排污权的法律依据缺失以及对排污权的权属和是否可抵押的法律理解存在争议。虽然上述试点省市都相继出台了一些地方性的排污权交易法规，部分开展排污权抵押贷款的地区还出台了专门的抵押贷款管理办法，但是在国家层面还没有针对性的立法，排污权交易从审批到交易，都没有统一的标准，仅是凭各地的探索。排污权交易法律的缺失有可能导致排污权交易监管不到位，进而引起排污权市场的混乱。例如，企业卖出了排污权但是排放的污染物超过剩余排污权的量，或者企业排放的污染物比购入的排污权更多，却因为处罚力度不足或者监测数据不准确等问题导致无法遏制超排行为等，长此以往则使各方不愿意或不足量购买排污权。

另外，排污权供给不足的问题也制约着排污权抵押贷款模式的推广。我国自开展排污权交易试点工作以来，交易并不活跃，排污权供给不足是其中最主要的一个原因。一方面，企业普遍为将来扩张自用考虑，即便有剩余排污指标也不愿出售；而老企业改造难度大、污染处理成本高，很难节省指标，市场供给自然不足。另一方面，寻租行为和地方保护主义等非市场因素也困扰着排污权交易的顺利推广。现实中排污企业和掌握排污指标分配权的环保监管部门之间存在寻租行为，企业购买排污权的成本与向政府寻租的成本相比，后者更为低廉。

3.5.2 绿色信贷支持工业污染治理

自 2007 年我国推行"绿色信贷"政策以来，商业银行积极参与各类环保项目的建设，其中，对工业污染治理项目的支持就是其中一项重要的内容。我们以国家开发银行（以下简称国开行）为例，对绿色信贷支持工业污染治理的情况进行介绍。

　　在我国，国开行开展工业污染治理业务的时间较早。随着国家对环境保护工作的重视，国开行已经成为支持我国环境保护事业发展的重要力量，其对环境保护的融资支持主要以贷款方式进行。2009 年，环保部与国开行签订《开发性金融合作协议》，约定 2009—2015 年国开行为完成国家环保"十一五"和"十二五"规划项目提供 1 000 亿元人民币融资额度。

　　为了推动国家"十一五"环保规划主要污染物减排目标的实现，国开行通过支持工业废气处理及利用、工业废水处理、工业固体废物处理处置及综合利用、资源节约等项目，增加工业废弃物循环利用、减少工业污染物排放。截至 2010 年年底，国开行共支持工业污染治理项目 132 个，贷款发放额 241.6 亿元，其中 2010 年新增贷款 46.7 亿元，实现了从以经济效益为重向经济与环保效益并重的转变，为国家工业污染治理做出了实质性的贡献。

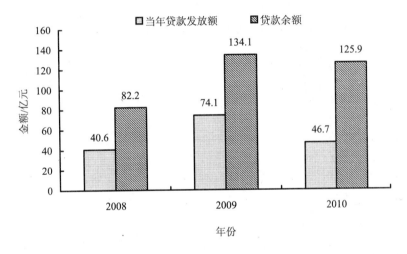

图 3-11　国家开发银行工业污染治理领域贷款发放额与贷款余额

　　作为国家政策坚定的执行者，国开行对工业污染治理这一其他商业银行不愿意进入的领域开展了大量的实践探索，也取得了令人瞩目的成绩。不可避免的，国开行作为一个商业银行，在工业污染治理项目的贷款方面仍然存在一定的局限性，尤其是对中小企业的工业污染治理支持较少。主要体现在：从贷款类型来看，贷款业务仅限于担保项目，对项目的盈利能力也有较高的要求；从贷款对象来看，国开行对大型企业，尤其是大型国有企业的支持力度较大，对于中小企业的工业污染治理并未有特殊的优惠政策和业务板块。国开行的这一特点也反映了我国商业银行在工业污染治理项目贷款中的问题。这一问题的解决，有赖于国家政策对商业银行开展工业污染治理项目贷款的进一步引导和支持鼓励。

参考文献

[1] 中华人民共和国国家统计局. 国民经济和社会发展统计公报[R]. 2001—2009.

[2] 张世秋，安树民，王仲成. 评析中国现行环境保护投资体制[J]. 中国人口·资源与环境，2001，11（2）：106-110.

[3] 曲格平. 曲格平文集：世界环境问题的发展[M]. 北京：中国环境科学出版社，2007.

[4] 马云. 双鸭山市环境保护投融资现状与资金需求分析[D]. 北京：清华大学，2013.

[5] 常杪，田欣，滕飞龙. 工业污染治理领域的创新投融资模式[J]. 环境保护，2011（8）：17-20.

[6] 任勇. 日本环境管理及产业污染防治[M]. 北京：中国环境科学出版社，2000.

[7] World Bank. Japan's Experience in Urban Environment Management[R]. 1994.

[8] 嘉兴银行. 嘉兴银行排污权交易抵押贷款[R]. 第三届环保投资大会，2010.

[9] 骆永明. 污染土壤修复技术研究现状与趋势[J]. 化学进展，2009，21（2/3）：558-564.

[10] 清华大学环境学院环境管理与政策研究所，环境与金融研究课题组. "十二五"环保融资创新研究[R]. 2011.

[11] 邱志. 德国中小企业污染治理投融资机制的设计及其运用情况[R]. 2007.

第4章　生态环境保护工程投融资

4.1　生态环境保护工程的项目特点

（1）生态环境保护工程的主要内容

生态环境保护工程主要包括两大类型：一是重点生态功能区和自然保护区建设，二是生态环境修复。在生态功能区和自然保护区建设方面，涉及的环保工程主要包括：林业资源建设、植被建设、草原围栏建设、水土保持工程、草原鼠虫害综合防治等。在生态环境修复方面，涉及的环保工程主要包括：沙化土地治理、湿地/湖泊流域生态环境修复、矿山生态环境修复、水土流失治理等。

"十二五"时期，生态环境保护工程是我国环境保护的八大重点工程之一。生态保护和修复重点工程包括：天然林资源保护二期工程、退耕还林还草、防护林体系建设、京津风沙源治理、重点自然生态系统保护、草原生态保护与建设、水土保持与河湖生态修复、岩溶地区石漠化综合治理、西藏生态安全屏障保护与建设、三江源自然保护区生态保护与建设、祁连山水源涵养区生态保护和综合治理、甘南黄河重要水源补给生态功能区生态保护与建设、青藏高原生态环境保护等。

（2）生态环境保护工程的投资特点

生态工程建设初期的投资改造项目大多集中在社会效益比较明显、直接经济效益较差的基础性工程上，不仅需要巨额资金投入，而且建设周期长，项目建设风险较大。一般来说，此阶段的投资活动主要由政府和相关国际组织开展。

生态工程建设中后期，由于政府早期的建设投入，尤其是基础性的配套工程和有关的政策、管理规则的到位，使得生态工程项目从建设到管理趋于高效，生态工程的各种效益（包括社会效益和经济效益）也日益显著，风险降低。这个阶段，生态工程的盈利预期增强，与初期相比，对于投资者来说投资需求减少，部分项目开始有一定的盈利能力。

（3）生态环境保护工程的投资事权

随着我国的现代化建设加快，环境问题的日益严重，生态工程的建设显得越来越重要，政府对生态工程的重视也达到了一个前所未有的高度。于是，相应的机制应运而生，国家林业局、环保部、水利部、农业部、土地主管机构和气象主管机构按照有关法律规定的职责和国务院确定的职责分工，密切配合，共同做好生态工程建设的工作；县级以上地方人民政府组织、领导所属有关部门密切配合，形成了区域性生态工程建设体系。

大部分生态工程类型涉及多个主管部门，体现了多部门相互配合的特点。按照国务院职能分工，各部委作为生态工程建设的主管部门，组织、协调、指导和监督全国生态工程建设工作（表4-1）。

表 4-1 生态工程主管部门业务分担

生态工程内容	主管部门	相关法律条例
水土保持林	国家林业局 水利部	《中华人民共和国水土保持法》，国务院
护堤护岸林	水利部 国家林业局 （河道主管部门）	各省河道管理条例，各省人民代表大会常务委员会
农田防护林	国家林业局 农业部	《中华人民共和国森林法》，《中华人民共和国森林法实施条例》
固沙林	国家林业局 农业部 水利部 国土资源部 环境保护部 国家气象局	《中华人民共和国防沙治沙法》，2001 年 8 月 31 日第九届全国人民代表大会常务委员会第二十三次会议通过
环境保护林和风景林	环境保护部 国家林业局	地方环境保护条例
土壤侵蚀治理	国家林业局 水利部 农业部	《土地管理法》（2004 年修订），《大气污染防治法》（2000 年 4 月 29 日），《农药限制使用管理规定》（2002 年 6 月 28 日）
荒漠化治理	国家林业局 农业部 水利部 环境保护部 国土资源部 中国治理荒漠化基金会	《防沙治沙法》
水利工程建设	水利部	《水利工程建设监理规定》
自然保护区建设	环境保护部	

我国政府在生态工程方面所承担的职责主要包括（表4-2）：

☞　制定生态方面相关法律法规

☞　投入资金支持工程建设维护

☞　对工程进行统筹规划

☞　对工程进行监督管理

☞　组织科学研究、标准制定、信息发布以及宣传教育

表 4-2　各部委与生态工程相关的事权

部委	事权
财政部	➢ 管理中央公共财政支出； ➢ 办理和监督中央财政的经济发展支出、中央投资项目的财政拨款； ➢ 拟订和执行政府国内债务管理的方针政策、规章制度和管理办法，编制国债发行计划
发展和改革委员会	➢ 拟订并组织实施国民经济和社会发展战略、中长期规划和年度计划，提出综合运用各种经济手段和政策的建议，受国务院委托向全国人大提交国民经济和社会发展计划的报告； ➢ 承担规划重大建设项目和生产力布局的责任，拟订全社会固定资产投资总规模和投资结构的调控目标、政策及措施，衔接平衡需要安排中央政府投资和涉及重大建设项目的专项规划； ➢ 推进可持续发展战略，负责节能减排的综合协调工作，组织拟订发展循环经济、全社会能源资源节约和综合利用规划及政策措施并协调实施，参与编制生态建设、环境保护规划，协调生态建设、能源资源节约和综合利用的重大问题，综合协调环保产业和清洁生产促进有关工作。承担国家应对气候变化及节能减排工作领导小组的具体工作
国家林业局	➢ 负责全国林业及其生态建设的监督管理。拟订林业及其生态建设的方针政策、发展战略、中长期规划和起草相关法律法规并监督实施。制定部门规章、参与拟订有关国家标准和规程并指导实施。组织开展森林资源、陆生野生动植物资源、湿地和荒漠的调查、动态监测和评估，并统一发布相关信息。承担林业生态文明建设的有关工作； ➢ 组织、协调、指导和监督全国造林绿化工作。制订全国造林绿化的指导性计划，拟订相关国家标准和规程并监督执行，指导各类公益林和商品林的培育，指导植树造林、封山育林和以植树种草等生物措施防治水土流失工作，指导、监督全民义务植树、造林绿化工作。承担林业应对气候变化的相关工作。承担全国绿化委员会的具体工作； ➢ 组织、协调、指导和监督全国湿地保护工作。拟订全国性、区域性湿地保护规划，拟订湿地保护的有关国家标准和规定，组织实施建立湿地保护区、湿地公园等保护管理工作，监督湿地的合理利用，组织、协调有关国际湿地公约的履约工作； ➢ 组织、协调、指导和监督全国荒漠化防治工作。组织拟订全国防沙治沙、石漠化防治及沙化土地封禁保护区建设规划，参与拟订相关国家标准和规定并监督实施，监督沙化土地的合理利用，组织、指导建设项目对土地沙化影响的审核，组织、指导沙尘暴灾害预测预报和应急处置，组织、协调有关国际荒漠化公约的履约工作； ➢ 组织、指导陆生野生动植物资源的保护和合理开发利用。拟订及调整国家重点保护的陆生野生动物、植物名录，报国务院批准后发布，依法组织、指导陆生野生动植物的救护繁育、栖息地恢复发展、疫源疫病监测，监督管理全国陆生野生动植物猎捕或采集、驯养繁殖或培植、经营利用，监督管理野生动植物进出口。承担濒危物种进出口和国家保护的野生动物、珍稀树种、珍稀野生植物及其产品出口的审批工作； ➢ 负责林业系统自然保护区的监督管理。在国家自然保护区区划、规划原则的指导下，依法指导森林、湿地、荒漠化和陆生野生动物类型自然保护区的建设和管理。按分工负责生物多样性保护的有关工作。监督检查各产业对森林、湿地、荒漠和陆生野生动植物资源的开发利用。指导山区综合开发； ➢ 参与拟订林业及其生态建设的财政、金融、价格、贸易等经济调节政策，组织、指导林业及其生态建设的生态补偿制度的建立和实施。编制部门预算并组织实施，提出中央财政林业专项转移支付资金的预算建议，管理监督中央级林业资金，管理中央级林业国有资产，负责提出林业固定资产投资规模和方向、国家财政性资金安排意见，按国务院规定权限，审批、核准国家规划内和年度计划内固定资产投资项目。编制林业及其生态建设的年度生产计划

部委	事权
环境保护部	➤ 指导、协调、监督生态保护工作。拟订生态保护规划，组织评估生态环境质量状况，监督对生态环境有影响的自然资源开发利用活动、重要生态环境建设和生态破坏恢复工作； ➤ 指导、协调、监督各种类型的自然保护区、风景名胜区、森林公园的环境保护工作，协调和监督野生动植物保护、湿地环境保护、荒漠化防治工作。协调指导农村生态环境保护，监督生物技术环境安全，牵头生物物种（含遗传资源）工作，组织协调生物多样性保护
水利部	➤ 负责保障水资源的合理开发利用，拟定水利战略规划和政策，起草有关法律法规草案，制定部门规章，组织编制国家确定的重要江河湖泊的流域综合规划、防洪规划等重大水利规划。按规定制定水利工程建设有关制度并组织实施，负责提出水利固定资产投资规模和方向、国家财政性资金安排的意见，按国务院规定权限，审批、核准国家规划内和年度计划规模内固定资产投资项目；提出中央水利建设投资安排建议并组织实施； ➤ 负责水资源保护工作。组织编制水资源保护规划，组织拟订重要江河湖泊的水功能区划并监督实施，核定水域纳污能力，提出限制排污总量建议，指导饮用水水源保护工作，指导地下水开发利用和城市规划区地下水资源管理保护工作； ➤ 负责防治水土流失。拟订水土保持规划并监督实施，组织实施水土流失的综合防治、监测预报并定期公告，负责有关重大建设项目水土保持方案的审批、监督实施及水土保持设施的验收工作，指导国家重点水土保持建设项目的实施
农业部	➤ 组织农业资源区划、生态农业和农业可持续发展工作； ➤ 指导农用地、渔业水域、草原、宜农滩涂、宜农湿地、农村可再生能源的开发利用以及农业生物物种资源的保护和管理； ➤ 负责保护渔业水域生态环境和水生野生动植物工作； ➤ 维护国家渔业权益，代表国家行使渔船检验和渔政、渔港监督管理权

资料来源：根据各部委官方网站的内容整理。

　　基于生态工程项目的特征可知，各级政府是生态工程项目的投资事权主体。部分具有一定盈利能力的项目也能够吸引社会资本的参与。政府的投资来源主要为财政预算内资金，重大工程建设部分通过财政预算内资金安排，也可以通过市场方式进行融资和运营。

　　通常来讲，中央政府具有调节地区间公共服务水平的职责，地方政府只负责本地区公共服务。在生态工程的建设中，现在阶段主要是由国家拨款进行主要投资，地方政府也有一定的投资事权。

4.2　我国生态环境保护工程投融资机制

　　我国生态环境保护投融资机制的发展是伴随着社会经济体制改革以及环境管理思路的转变而逐步建立、发展和完善的。目前，生态保护工程建设资金的主要来源是各项税收，但我国尚没有独立的生态环境税，因此直接以生态保护为目的的资金渠道主要是依靠生态环境补偿费、矿产资源补偿费等生态补偿制度，这些制度直接体现了使用者付费、受益者付费和破坏者付费的原则。

4.2.1　政府投资

　　基于生态环境保护工程建设的主要特点，政府作为投资主体通过财政拨款支持工程项目建设是生态工程建设重要的投资方式。这种投资通常不以营利为主要目的，且投资规模较大，集中性强。为了推动财政投资，我国建立了一系列与生态环境保护相关的财政投融资政策（表 4-3）。

表 4-3　生态环境保护财政投融资政策

	年份	颁布机关	法规、规章、制度
天然林保护	1998（2000、2006、2011 年修订）	财政部	天然林保护工程专项资金管理办法
	1999	国家林业局	天然林保护工程公益林项目会计核算办法（试行）
	2001	国家林业局	重点地区天然林资源保护工程建设资金管理规定
	2001	国家林业局	重点地区天然林资源保护工程建设项目管理办法（试行）
	2001	国家林业局	天然林资源保护工程检查验收办法
	2001	国家林业局	天然林资源保护工程管理办法
	2006	财政部 农业部	天然林保护工程财政资金管理规定
退耕还林、退牧还草	2000	国务院	国务院关于进一步做好退耕还林还草试点工作若干意见
	2001	国家林业局	退耕还林工程建设检查验收办法
	2002	国务院	国务院关于进一步完善退耕还林政策措施的若干意见
	2002	国务院	退耕还林条例
	2003	国家林业局	退耕还林工程建设监理规定
	2003	国家发改委 国家粮食局等	退牧还草和禁牧舍饲陈化粮供应监管暂行办法
	2007	财政部 农业部	完善退耕还林政策补助资金管理办法
重点生态公益林保护	2001	财政部 国家林业局	重点生态公益林区划界定办法
	2004（2007、2011 年修订）	财政部 国家林业局	中央财政森林生态效益补偿基金管理办法
	2005	各地方政府 林业局	实施森林生态效益补偿基金制度工作方案
	2005	各地方政府 林业局	重点公益林保护管理方法
	2005	各地方政府 林业局	森林生态效益补偿基金监管办法
	2011	财政部	国家重点生态功能区转移支付办法
	2013	国家林业局 财政部	国家级公益林管理办法

生态环境保护的财政支出包括各级政府在生态环境保护和治理方面的直接性支出，如与生态保护相关的各类项目支出，也包括政府鼓励生态保护的间接性支出，如各类税收优惠支出、补助金、贷款贴息等。以下我们就近几年财政资金直接参与开展的生态保护项目进行介绍。

4.2.1.1 天然林保护工程

天然林保护工程始于 1998 年，该工程以从根本上遏制生态环境恶化，保护生物多样性，促进社会、经济的可持续发展为宗旨；以对天然林的重新分类和区划，调整森林资源经营方向，促进天然林资源的保护、培育和发展为措施，以维护和改善生态环境，满足社会和国民经济发展对林产品的需求为根本目的。为了推动天然林保护工程建设，有关部门自 1998 年开始颁布实施《天然林保护工程财政专项资金管理暂行办法》，并随后在 2000 年、2006 年和 2011 年数次修订。该管理办法明确了专项资金实行专款专用，资金支付按照财政国库管理制度执行；同时规定了天然林资源保护工程专项资金的预算管理，以及森林管护费、中央财政森林生态效益补偿基金、森林抚育补助费、社会保险补助费和政策性、社会性支出补助费的资金管理和使用要求。2000—2010 年天然林保护工程一期实施期间，国家计划投入 962 亿元，其中中央补助 80%，地方配套 20%。2002 年又新增富余职工一次性安置经费 6.1 亿元，总投入达 1 069.8 亿元。2011 年我国开始实施天然林保护工程二期（2011—2020 年），计划总投入资金 2 440.2 亿元，其中中央投入 2 195.2 亿元，地方投入 245 亿元。

4.2.1.2 退耕还林项目

2002 年 12 月，国务院颁布《退耕还林条例》，并于 2003 年在全国实施退耕还林政策。该政策是指从保护和改善西部生态环境出发，将易造成水土流失的坡耕地和易造成土地沙化的耕地，有计划、分步骤地停止耕种；本着宜乔则乔、宜灌则灌、宜草则草，乔灌草结合的原则，因地制宜地造林种草，恢复林草植被。国家实行退耕还林资金和粮食补助政策，国家按照核定的退耕还林面积，在规定的补助期内向土地承包经营权人提供适当的粮食补助、种苗造林补助费和生活费补助。

2002 年，财政部印发《退耕还林工程现金补助资金管理办法》，明确退耕还林的"现金补助标准为每亩①退耕地每年补助 20 元"；"现金补助年限为还生态林补助 8 年，还经济林补助 5 年，还草补助 2 年"。2007 年，国务院发布《关于完善退耕还林政策的通知》，明确"现行退耕还林粮食和生活费补助期满后，中央财政安排资金，继续对退耕农户给予适当的现金补助"。随后，财政部印发《完善退耕还林政策补助资金管理办法》，进一步明确补助标准为"长江流域及南方地区每亩退耕地每年补助现金 105 元，黄河流域及北方地区每亩退耕地每年补助现金 70 元；原每亩退耕地每年 20 元现金补助，继续直接补助给退耕农户，并与管护任务挂钩。"

4.2.1.3 退牧还草项目

2003 年国家八部门联合下发《退牧还草和禁牧舍饲陈化粮供应监管暂行办法》（国粮调[2003]88 号），这是退牧还草政策的法律文件。该办法的主要内容包括：

1）主要目的是保护和恢复西北部、青藏高原和内蒙古的草地资源，以及治理京津风

---

① 1 亩=1/15 hm²。

沙源；

2）补偿方式是为"退牧还草"的牧民提供饲料粮补助，补助期限均为 5 年；

3）针对退牧还草地区，补助标准为：蒙甘宁西部荒漠草原、内蒙古东部退化草原、新疆北部退化草原按全年禁牧每亩每年补助饲料粮 11 斤①，季节性休牧按休牧 3 个月计算，每亩每年补助饲料粮 2.75 斤。青藏高原东部江河源草原按全年禁牧每亩每年补助饲料粮 5.5 斤，季节性休牧按休牧 3 个月计算，每亩每年补助饲料粮 1.38 斤。针对京津风沙源治理工程涉及地区，补助标准为：内蒙古北部干旱草原沙化治理区及浑善达克沙地治理区每亩地每年补助饲料粮 11 斤。内蒙古农牧交错带治理区、河北省农牧交错区治理区及燕山丘陵山地水源保护区每亩地每年补助饲料粮 5.4 斤。

4.2.1.4 生态公益林补偿金政策

我国的生态公益林补偿制度最初是由地方开始。2003 年，国务院发布《关于加快林业发展的决定》，提出加大政府对公益林的投入、加强对林业发展的金融支持和减轻林业税费负担。2004 年财政部和国家林业局印发《中央森林生态效益补偿基金管理办法》，提出中央财政安排专项资金建立"中央财政森林生态效益补偿基金"（简称中央财政补偿基金），专项用于重点公益林的营造、抚育、保护和管理。随后，2007 年和 2011 年该管理办法得到进一步修订，明确中央财政补偿基金依据国家级公益林权属实行不同的补偿标准。国有的国家级公益林平均补偿标准为每年每亩 5 元，其中管护补助支出 4.75 元，公共管护支出 0.25 元；集体和个人所有的国家级公益林补偿标准为每年每亩 10 元，其中管护补助支出 9.75 元，公共管护支出 0.25 元。

4.2.2 国际金融组织贷款与政府间援助贷款

我国作为一个发展中国家，生态工程建设资金需求大，但是资金实力还较为薄弱，因此借助发达国家的援助和国际金融组织的支持建设生态环保工程项目也是一项重要的内容。

对于政府间贷款这一融资方式，我国的内蒙古自治区已有成功经验。内蒙古黄河中游地区生态环境脆弱，严重制约了当地经济的可持续发展。长期以来，由于内蒙古受生态建设资金不足的困扰，难以在黄河中游地区开展大规模生态建设，为此，国家林业局决定申请使用政府间贷款。2000 年 3 月，原国家计委正式批准了内蒙古利用 36 亿日元贷款建设黄河生态林项目，还款期 40 年，宽限期 10 年。2001 年 3 月 30 日，财政部与日本国际协力银行签订了关于内蒙古植树造林项目的贷款协议。2001 年 6 月 8 日，中国进出口银行与内蒙古财政厅签署了内蒙古植树造林项目的外国政府贷款转贷协议。内蒙古利用日元贷款植树造林项目实施范围包括鄂尔多斯市、巴彦淖尔盟、呼和浩特市和包头市的 11 个旗县（市、区），建设期 3 年，总任务为人工造林 120 万亩，封山（沙）育林 15 万亩，飞播造林 24 万亩。

我国使用的国际金融组织贷款的主要来源是世界银行和亚洲开发银行。以世界银行为

---

① 1 斤 = 0.5 kg。

例，1994 年我国政府与世界银行合作开展的黄土高原水土保持贷款项目正式启动，项目前两期先后投资 42 亿元人民币（其中世行贷款 3 亿美元），主要实施了包括土地开发、植被建设、苗木培育、水土保持工程及支持服务等在内的水土保持综合治理和开发工程。项目的实施不仅提高了项目区农民生活水平，有助于消除贫困、改善区域脆弱的生态环境、减少黄泥沙等，同时也使晋、陕、甘、蒙 4 省（区）48 个旗县（市）中的 120 多万人从中直接受益。项目区农业总产值由项目实施前的 8.97 亿元提高到 2004 年的 76.79 亿元，农民人均纯收入由 361 元提高到 2004 年的 1 624 元。随着建设项目的连续实施，项目区的水土流失得到了初步治理，各种治理措施在保护水土资源、合理利用土地、减轻风沙灾害、调节河川径流、减少水土流失、改善生态环境等方面发挥了良好的促进作用，同时也进一步增强了项目实施区域的生态抗灾能力。2012 年 11 月世界银行在宁夏的防沙治沙与生态保护项目启动，涉及兴庆区、灵武市、平罗县、利通区、青铜峡市、盐池县、中卫市 7 个市、县（区），主要以改善黄河东岸生态环境为目的，拟利用 5 年时间完成荒漠化治理面积 108 万亩。

4.2.3　碳汇交易

碳汇是森林的众多生态系统服务功能之一，主要是指森林吸收并储存二氧化碳的能力。

根据《联合国气候变化框架公约》及《京都议定书》对各国分配的二氧化碳排放指标，有些发达国家仅通过技术革新难以达到规定的温室气体减排目标，对于这些国家而言，通过在发展中国家投资造林获得碳汇可以抵消其碳排放，这就是所谓的"碳汇交易"。我国通过开展碳汇项目也获得了发达国家的投资。表 4-4 显示了我国林业碳汇试点项目的实施情况。

表 4-4　我国林业碳汇试点项目的实施情况

项目名称	项目主办方	面积/hm²	规模/（万 t/a）	项目起始时间	投资额/万美元
中日防沙治沙试验林项目（沈阳市康平县）	沈阳市林业局、日本庆应大学	538.7	1.124	1999	28
中国东北部敖汉旗防治荒漠化青年造林项目	国家林业局、意大利环境国土资源部	3 000	—	2005	153
中国四川西北部退化土地的造林再造林项目	四川林业厅	—	—	2005	300
中国广西珠江流域在造林项目	广西林业厅	4 000	77	2006	300
中国绿色碳基金温州碳汇造林项目	中化基金会国家林业局气候办、温州市人民政府	400	9	2008	44
中国绿色碳基金北京市房山区碳汇造林项目	中国石油天然气公司	400	4	2008	44
中国绿色碳基金北京八达岭林场碳汇造林项目	—	206.7	2.8	2008	43.7

4.3　生态环境保护工程投融资国际经验

4.3.1　美国植树保护生态工程

在 1927—1937 年美国经历了多次灾难性的洪水,大草原地区不断出现尘暴天气,严重影响了当地的居民生活和经济发展。1932 年,美国总统罗斯福启动了植树保护生态工程。该工程在美国北达科他、南达科他、内布拉斯加等 6 个州营造南北长 1 850 km、东西宽 160 km 的林带、林网和片林,以保护农田和防治土地沙漠化。

（1）资金使用方式及特征

国家为该项工程提供了大量的投资,如农业部的"农业休耕计划"（是美国农业生态保护计划在罗斯福大草原林业工程中的应用）,联邦政府先后提供 80 亿美元,平均每年 2 亿美元分给参加这一计划的 30 万个农场主。如 1979 年爱荷华州实施的"风蚀控制鼓励计划"规定,分别为建立维持 10 年的田间林障和维持 5 年的田间草障提供 2 471 美元/hm^2 和 1 235 美元/hm^2 的资金援助。1932—1942 年的 10 年中,美国国会为此拨款 7 500 万美元。20 世纪 80 年代中期,人工营造的防护林带总长 104 km,面积约 6 760 hm^2。

（2）相关政策体系

美国构建了相对完善的资金政策体系来保障植树保护生态工程的实施。具体包括:

公共财政支出政策。为了支持林业的快速发展,美国政府在公共财政支出中,采取"直接鼓励"与"间接鼓励"相结合的方式资助小林主,极大地调动了造林的积极性。直接鼓励是指造林和森林改良的成本由政府在各年度通过"农业水土保持计划"等计划中支拨,覆盖造林成本的 50%～70%;"间接鼓励"则是对小林主的防火、防虫等给予无偿援助。

税收优惠政策。政府减免国有林的固定财产税,并将减免的林业税全部返还林业部门,继续用于国有林的更新造林。

林业财政专项补助政策。1973 年开始实施的林业奖励项目基金,鼓励各州统一实行造林政策。该基金补助最高可覆盖造林费用的 65%,每位林主每年所获得的最高补助额可达 1 万美元。

林业基金制度。主要内容包括造林补助基金制度、更新造林信托基金制度。造林补助基金主要来源于联邦和州两级政府财政预算拨款,主要用于国有林的更新和改良。

4.3.2　欧洲环境财政基金

自 20 世纪 80 年代以来,随着大规模环境灾害的发生以及公众对环境威胁的认识加强,人们意识到需要采取更多的措施来保护环境,这也推动了欧盟的环境政策制定和制度建设。

通过财政支持开展生态环境保护工作是欧盟环境政策中的重要组成部分。尤其是在 1986 年"单一欧洲法"（A Single European Act）签署后,首次给欧盟的环境政策一个坚实的协商基础;这个法案和 1993 年通过的第五个环境法案项目一起,为欧洲环境财政基金

（The Financial Instrument for the Environment，LIFE）机制的运作打开了大门，也为后来的环境改革拉开了序幕。其中，LIFE 基金就是欧盟重要的环境工具之一。

LIFE 项目作为欧盟在环境领域重要的资金机制，其主要目的是通过联合融资试点或示范项目来推动欧盟环境政策和法律的执行、更新和发展。

欧盟是 LIFE 基金的投资主体，采取预算专项支付的投资模式。在资金使用方式上，LIFE 基金主要通过现金补贴，配合设计科学生态管理机制等方式协助完善运营模式，以综合资助生态受损地区。

LIFE 项目自 1992 年开始运作，至今已经经历了四个主要的发展阶段，通过联合融资在欧盟地区共完成了 3 954 个项目，为环境保护筹集了约 31 亿欧元的资金。

第一个发展阶段是 1992—1995 年（简称 LIFE I）。这个阶段 LIFE 的主要支持项目包括五个部分：一是推动可持续发展和环境质量提高的项目，包括新的监测技术，清洁技术，废弃物处理，污染修复，土地规划和管理，水污染和城市环境问题等，这部分的资金投入占整个项目预算的 40%。二是生态环境保护，包括保护濒临灭绝的物种和受到威胁的生物栖息地，应对荒漠化和土地侵蚀，海洋保护和淡水保护等，资金投入占整个项目预算的 45%。此外，管理框架的构建和环境服务、教育培训和信息服务，以及第三方国家援助分别使用了 5% 的项目预算。

这个时期，LIFE 基金对生态环保项目的资金支持比例介于 30%（针对有收入的投资）到 100%（针对技术援助措施）。对于上述提到的第一类和第二类中的大多数项目，LIFE 基金都给予不高于项目总成本 50% 的资金支持。这些资金支持比例一直被沿用至今。

第二个发展阶段是 1996—1999 年（简称 LIFE II）。这一时期，LIFE 基金的预算增长至 4.5 亿欧元，资金支持覆盖到更多的欧盟国家（包括 1995 年加入欧盟的奥地利、芬兰和瑞典）。LIFE II 阶段，LIFE 项目被划分成了三大类：LIFE（生态项目）、LIFE（环境项目）和 LIFE（第三方国家项目）。修订后的项目指令规定 LIFE 基金 46% 的项目预算要投入到生态保护行动中去，即 LIFE（生态项目）。另外的 46% 要投入到其他计划实施欧盟环境政策和法律的行动中去，即 LIFE（环境项目）。而剩下的 5% 和 3% 分别投入到 LIFE（第三方国家项目）和技术援助措施中去。

具体到 LIFE（生态项目），这一阶段 LIFE 基金的支持重点是鸟类和栖息地保护，尤其是在考虑了经济、社会、文化需求及成员国的特殊区域和当地特征基础上，能够推动自然栖息地和野生动植物群栖息地保护的生态 2000 网络项目。

满足了栖息地指令有助于维持或修复生态栖息地和物种种群达到一个有利的保护状态的生态保护项目都可以获得 LIFE 基金的资金支持。这些项目必须是针对特殊保护区域或者欧盟重点地区，以及指令中提到的物种保护项目。为了达到选择最优项目进行支持的目标，LIFE 基金在选择支持的生态项目时只考虑项目质量和潜在的生态保护效果，并不考虑国家配额问题。

第三个发展阶段是 2000—2004 年（简称 LIFE III），而后 LIFE III 被延长至 2006 年年底。这一阶段 LIFE 基金的预算增长到 6.4 亿欧元。LIFE（生态项目）框架下的自然栖息地和野生动植物群栖息地保护项目，尤其是生态 2000 网络项目被保留下来，获得了持续的资金支持。

　　第四个发展阶段是 2007—2013 年（简称 LIFE+）。这一阶段 LIFE 基金的预算进一步增长至 21.43 亿欧元，基金的支持内容也有了进一步的调整，包括生态和生物多样性、环境政策和管理，以及信息和交流三部分。

　　其中，生态和生物多样性在之前的 LIFE（生态项目）的基础上得到延续和扩展。LIFE 基金为有助于鸟类和栖息地指令以及生态 2000 网络项目执行的最佳实践与示范项目提供联合融资。此外，LIFE 基金也为有助于实现"Commission Communication"关于"减缓生物多样性损失 2010 及未来"项目目标的创新或示范性项目也会获得联合融资的支持。LIFE+联合融资项目预算的 50%以上的资金都被要求投入到生态和生物多样性项目中去。

　　总体来看，欧盟的 LIFE 基金是一个覆盖领域极广的生态与环境保护资金支持机制。尽管 LIFE 基金的支持重点随着时间的推移有所变化，但是自 LIFE 资金成立以来，生态项目始终是 LIFE 基金的重点支持对象，也占据了 50%左右的基金预算。因此，可以说 LIFE 基金机制是欧盟在生态保护领域重要的资金机制，也是欧盟国家生态保护项目重要的资金来源。

4.4　我国生态环保项目投融资实践与案例分析

4.4.1　生态修复商业融资模式

　　随着我国城市化和工业化进程的加快，很多城市地区的生态环境（如流经城市的河流、位于城市地区的湖泊等）在经济发展过程中遭到破坏，对居民生活环境甚至人体健康构成了威胁。修复这些受污染的生态环境需要大量资金，如果全部依靠政府财政拨款，必然使得有限的财政不堪重负。此外，生态修复类项目往往因为不能获得直接的经济收益而难以获得传统信贷的支持。然而，生态环境质量的提升能够带来周边旅游业、商业、住宅、娱乐设施、办公楼宇的发展，利用好环境质量提升所带来的环境效益，这类项目也能够创造出良好的经济收益。因此，探索一种新的商业模式以解决生态修复的资金问题十分必要。上海苏州河的综合整治工程为生态修复商业融资提供了一个重要的思路。

4.4.1.1　模式机制

　　上海苏州河综合治理工程的资金需求约为 140 亿元。在没有国家拨款的情况下，上海采用了政府财政投资为主、多元化市场融资的方式，将生态修复与周边地产开发相结合，通过生态修复促进周边土地价值的提升，利用土地的价格差补偿生态修复的资金投入，从而形成良性的资金循环补偿机制。这是该生态修复商业融资模式的核心（图 4-1）。

4.4.1.2　效果评价

　　根据上海市政府《苏州河滨河景观规划》的要求，苏州河改造完成后形成了从中山路到河口的 13 km 的滨河景观大道，新建绿地 95 处，面积达 52 万 m^2，与原建好的绿地连成一片。两岸建设 9 个游艇码头，多个亲水平台，4～5 座步行桥。市民和中外游客可从黄浦、虹口、静安等区的观光码头游览苏州河，水上旅游业的经济效益较为可观。此外，随着苏州河治理工程的推进,沿线土地价格提升也为地方政府和开发企业带来可观的经济收益。这些经济效益为偿还贷款提供了资金保障,从而形成了良性的资金循环补偿机制。

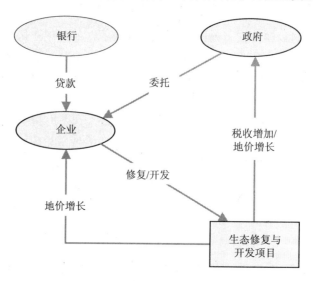

图 4-1　生态修复商业融资贷款运作模式

通过生态修复商业融资模式,生态环境的潜在价值得以挖掘,负有生态修复责任的企业开展修复项目的积极性被大幅调动起来,修复资金的来源问题也能得到一定程度的解决。更重要的是,社会资本的积极参与能够大大缓解政府财政方面的资金压力,使遭受污染的生态环境尽快恢复其应该具备的功能并创造价值,带动周边地区的经济繁荣,提高城市竞争力,在取得经济效益的同时实现环境效益。

4.4.1.3　应用性分析

尽管地方政府是生态修复的责任主体,但由于地方政府在作为债权人融资时的种种限制,地方政府通常将生态修复和土地开发委托给地方城市基础设施建设开发企业(如地方城投公司等)。此模式的借款人通常为地方城投公司,其主要的还款来源是土地资产的增值、企业经营收入等,信用结构主要是土地等资产抵押。

生态修复的商业融资对项目所在地有一定的要求,并非所有的生态修复项目都适合商业融资。通常来说,具有潜在经济效益的城内河流两岸、湿地、森林公园开发项目等,通过生态修复后能够具有一定的开发价值。

生态修复项目经济价值的开发,需要与城市基础设施建设相结合,需要配套的土地开发政策,需要当地政府提供保障与支持,这也是这一模式应用过程中的主要政策风险。

该模式可以主要应用于大、中城市城内河、公园广场等公共区域的生态环境综合治理。此外,土壤修复类项目与生态修复类项目的投资融资特征较为类似,因此也可采用这种思路开展商业融资,大中城市周边、重污染工矿企业、集中治污设施周边、重金属污染防治重点区域、饮用水水源地周边、废弃物堆存场地等典型污染场地是重点的考虑对象。

4.4.2 林业中小企业及林农贷款

4.4.2.1 模式机制

福建是我国南方的重点林区，素有"八山一水一分田"之称。林业收入是福建大部分（特别是闽西、闽北）山区县域财政和农民的主要收入来源，因此，促进福建林业的健康快速发展是改善当地经济、提高农民收入水平的重要途径。为了推动福建省林业的发展，自 2003 年以来，福建省积极开展集体林权制度改革。随着改革的深化，林农获得了山林，但是如何将山林资产变现、获得资金发展林业经济等实际问题成为困扰林农的难题，也制约了福建的林业发展，在这一背景下，推动林业投融资体制创新就成为一个迫切需要解决的问题。

林业中小企业及林农贷款就是为了解决这一资金问题、由国家开发银行福建分行（以下简称国开行）和福建省林业厅、永安市政府充分协商，共同探索形成的贷款模式，被称为"永安模式"。在该模式下，国开行与福建省林业厅、永安市人民政府共同建立联合工作机制，并签订开发性金融合作协议，共同推进贷款业务。福建省林业厅提供行业风险和政策指导；国开行提供开发性金融支持和信贷业务指导；永安市政府组织协调并提供财政和政策支持；永安市林业局和林业信用协会具体开发和组织贷款需求，并对实际用款人（即广大林农和中小企业）实行社会公示；永安市国有资产投资经营有限责任公司作为永安市政府指定的借款平台向国家开发银行统借统还；永安市农信社作为委托贷款行以委托贷款形式向实际用款人发放贷款。

为确保林业信用平台安全运作、贷款资金正常回收，永安市政府设立"林业产业风险准备金"，最终用款的林业中小企业缴纳"贷款风险互保金"，作为贷款的偿债保障；政府指定的借款人——永安市国有资产投资经营有限责任公司以其获得的"政府补贴收益权"向国开行提供贷款质押担保；林农及中小企业以林木资产等有效资产向借款人和委托贷款行提供反担保。

该模式从 2004 年开始探索实施，截至 2009 年年底，国开行福建分行累计承诺林业贷款 25.72 亿元，外汇 2 100 万美元；其中通过"三台一会"（融资平台、管理平台、担保平台、信用协会）累计发放贷款 2.08 亿元，直接或间接支持了试点区域累计约 25 家林业中小企业的扩大再生产和 856 户（次）林农的生产经营，支持了约 100 万亩用材林和工业原料林的建设，并保持贷款本息回收率 100%，贷款质量优良。

随后，为了进一步改进这一模式，永安市建立了新的统贷平台——永安市林业金融服务中心，采取第三方房地产抵押和永安市国有资产投资经营有限责任公司提供第三方无限责任连带保证担保的方式为合作平台提供担保。即在原有的"永安模式"基础上仅变更统贷平台以及信用结构，其余"三台一会"、"双层关联担保体系"以及"违约风险分担机制"等均沿用原机制。

4.4.2.2 效果评估

林业既是重要的生态资源，也是林业大省重要的经济收入来源。国开行与国家林业局达成《支持林权制度改革、促进现代林业发展开发性金融合作协议》，积极配合林权制度改革，探索林权证抵押贷款的支持方式。福建省的林业收入是山区县域（特别是闽西、闽北）财政和农民的主要收入来源，国开行支持福建率先在全国开展集体林权制度改革，并创建"永安模式"，紧密依托省林业厅的政策指导，很好地与国家环境政策实现了对接。

为了加快实施林改配套改革，福建省出台了林木资产补贴等措施。国开行的"永安模式"在借款人信用结构中采用补贴权作为重要的质押担保，与政府现有财政手段实现了有效衔接，既有助于控制风险，也有助于政策的强化。

随着林权改革的深化，福建林业发展的体制、机制和资金"瓶颈"凸显，山林资产的风险控制、管理及流转等均存在问题。而由于历史和自然条件等原因，福建省农村特别是广大山区的经济发展仍然较慢，市场欠发达，基层农村机制不健全、信用不完善、信息不对称，导致农村金融信贷投入逐年萎缩，也严重制约了福建省林业的发展。"永安模式"将地方政府的组织协调优势和国开行的融资优势相结合，积极满足区域资金需求，把农民手中的资产变成"活"的资本，促进社会的林业投资热情，为消除体制、机制和资金"瓶颈"制约做出贡献。

在"永安模式"中，国开行针对林业中小企业和林农这一客户群信用等级相对较低、信息不对称等问题，通过地方政府建立"风险准备金"、用款人缴纳"贷款风险互保金"、政府借款人以"政府补贴收益权"提供质押担保、用款人以有效资金提供反担保等多元化的风险共担机制，一方面极大地减少了贷款风险，另一方面有助于帮助中小企业和林农建立起相对完善的信用机制。"永安模式"针对林业中小企业和林农涉及面广、企业性质多元化、林业项目规模小且分散、贷款金额小且用途多样等特征，通过充分利用地方组织优势，化零为整、集中放贷，极大地提高了资金使用效率。

4.4.2.3 应用性分析

国开行选择福建省永安市为试点，率先开展林业贷款信用平台构建，搭建"三台一会"，构筑了由政府信用、企业信用和市场信用共同组成的一套较为完善的基层信用体系，逐步形成了"商业性信贷+政策性信贷+商业性保险"的林权抵押贷款模式——"永安模式"。

该模式成功实现了生态资源的资产化和资本化，同时构建了较为完善的信用结构和较为有效的违约风险分担机制。"永安模式"带来了"就业增加、林农增收、涉林企业增效、林产业发展、政府财政增收"多方共赢的局面。不过这一模式在推广中需要各级政府、企业、地方性金融机构，以及民众的积极配合与支持，对于不同部门间组织协调的管理水平有较高的要求。

参考文献

[1] 孔繁德. 生态保护[M]. 北京：中国环境科学出版社，2005.

[2] 李季，许霆. 生态工程[M]. 北京：化学工业出版社，2008.

[3] 林智乐，杜朝运. 浅谈生态工程融资的多元化[J]. 内蒙古农业大学学报，2005（4）.

[4] 邢祥娟，王焕良，刘璨. 美国生态修复政策及其对我国林业重点工程的借鉴[J]. 林业经济，2008（7）.

[5]　李宏伟. 美国生态保护补贴计划[J]. 全球科技经济瞭望，2004（8）.

[6]　陈岩. 美国的生态税收政策及其对我国的启示[J]. 生产力研究，2007（8）.

[7]　董联党，顾颖，王晓璐. 欧盟环境政策体系与其实施机制对中国的借鉴[J]. 生态经济：学术版，2008（1）.

[8]　Environment LIFE Programme. http：//ec.europa.eu/environment/life/about/index.htm.

[9]　中华人民共和国水利部. 黄土高原水土保持世界银行贷款项目巡礼. http：//www.mwr.gov.cn/slzx/slyw/200612/t20061201_150637.html，2006.

[10]　王琳飞，等. 国际碳汇市场的补偿标准体系及我国林业碳汇项目实践进展[J]. 南京林业大学学报：自然科学版，2010，34（5）：120-124.

第5章 全球环境问题投融资

5.1 全球环境问题概述

5.1.1 全球环境问题的含义

全球环境问题的含义有两层：首先，它属于环境问题，是人类活动作用于周围环境引起的环境质量的变化，进而对人类的生产、生活和健康产生影响。其次，它的影响波及全球范围，是超越单一主权国家的国界和管辖范围的问题。

进入 20 世纪 80 年代以来，全球环境问题日益突出。不仅发生了区域性的环境污染和大规模的生态破坏，而且出现了臭氧层破坏、气候变化、生物多样性丧失、持久性有机污染物等问题，严重威胁着全人类的生存和发展。为此，国际社会在经济、政治、科技、贸易等领域逐渐形成广泛的合作关系，针对各主要全球环境问题签订了多个国际环境公约，一个庞大的国际环境公约体系正在迅速建立，以促进世界各国联合治理全球环境问题。

5.1.2 几个主要的全球环境问题

（1）臭氧层消耗

臭氧层的消耗主要体现在两个方面：一是中纬度地区的臭氧层变薄，并从 1970 年开始大约以每 10 年体积减小 4%的速度进行；二是极地地区出现臭氧层空洞现象，臭氧层空洞的面积每年都在变化，并且在 2006 年 9 月 25 日扩展到了 2 900 万 km^2。2006 年，臭氧消耗总量达到历史最高水平。2011 年春天，北极上空臭氧减少状况超出先前观测记录，首次出现类似南极上空的臭氧空洞，面积最大时相当于 5 个德国。

造成臭氧层消耗的主要原因是人类向大气排放大量的氯氟烃（CFCs）等消耗臭氧层物质（简称 ODS）。20 世纪以来，随着工业的快速发展，氯氟烃以及性质相似的卤族化合物等物质被广泛应用于制冷剂、发泡剂、喷雾剂和灭火剂等。这类物质在大气中的滞留时间长，当其上升到高层大气后，在太阳紫外线辐射作用下释放出氯（溴）原子，这些原子从臭氧分子中夺取一个氧原子从而使其变成氧分子，生成的一氧化氯（溴）很不稳定，又会与另一个氧原子结合使氯（溴）原子游离出来，继续消耗臭氧分子。这类物质具有持久性，也就意味着当前产生的排放物会在未来许多年内持续消耗臭氧。目前，人们认识到的消耗臭氧层物质主要包括：氯氟碳化物、聚四氟乙烯（哈龙）、四氯化碳、甲基氯仿、溴甲烷以及某些部分取代的氯氟烃。

臭氧层的消耗将会对人类的生存产生极大的危害。太阳紫外线辐射对地球生物有危害作用，而大气中的臭氧对太阳紫外线辐射有很强的吸收作用，因此长期以来臭氧层一直扮演着地球生物保护伞的角色。臭氧层的消耗会导致到达地球表面的太阳紫外辐射量增加，进而对人的眼睛、皮肤和免疫系统产生不良影响。极地地区（尤其是南极地区）的季节性平流层臭氧消耗引起的紫外线辐射增强已经对部分有人类居住的地区产生了影响，最严重的区域包括智利、阿根廷、澳大利亚和新西兰的部分地区。

20 世纪 70 年代，人类排放的卤代烃物质会破坏大气中的臭氧这一观点就已被提出。虽然当时这种说法存在争议，但还是引起了国际社会的重视。1976 年，联合国环境规划署（简称 UNEP）理事会第一次就臭氧层破坏问题进行了讨论。随后，UNEP 和世界气象组织（简称 WMO）设立了臭氧层协调委员会（简称 CCOL），定期评估臭氧层的破坏情况。1977 年，UNEP 组织召开臭氧层专家会议，通过了第一个《关于臭氧层行动的世界计划》，提出要监测臭氧和太阳辐射，评价臭氧耗损对人类健康、生态系统和气候的影响，开发控制措施成本与收益的评价方法，以及对受控物质的生产和使用进行控制等。1985 年 3 月，通过了《保护臭氧层维也纳公约》，规定了交换臭氧层信息和数据的条款。为了进一步控制氯氟烃类物质，在审查世界各国氯氟烃类物质生产、使用和贸易情况的基础上，经过多次国际会议协商和讨论，全球 46 个国家代表参与了 1987 年 9 月在加拿大举办的蒙特利尔会议，并通过了《关于消耗臭氧层物质的蒙特利尔议定书》。随后，1989 年和 1990 年 UNEP 召开了两次缔约国会议，提出寻求资金机制促进技术转让和设备替换，进一步扩大对臭氧层有害物质的控制范围。

虽然在过去的 20 年中，控制消耗臭氧层物质的成果显著，但要恢复臭氧层仍需要一段时间。根据化学气候模型的预测，在各国完全遵守《关于消耗臭氧层物质的蒙特利尔议定书》承诺义务的情况下，南极上空的臭氧层大概也要在 2060—2075 年才能恢复到 1980 年之前的水平。而由于北极上空的大气没有南极上空那么冷，因此臭氧层的消耗没有那么严重。未来北极的臭氧层空洞似乎不可能达到南极那样的严重程度，但是北极地区受平流层臭氧消耗威胁的人口却远远大于南极。

（2）生物多样性

根据 UNEP 对生物多样性的定义，生物多样性是指地球上生物圈中各种生物体之间的相互作用，并与非生物环境共同作用组成的生态世界。生物多样性分为三个基本层面：基因多样性、物种多样性和生态系统多样性。

☞ 物种多样性常用物种丰富度来表示。所谓物种丰富度是指一定面积内物种的总数目。

☞ 基因多样性代表生物种群之内和种群之间的遗传结构的变异，这种变异得到的多样性为进化提供了材料。具有较高基因多样性的种群，可能有某些个体能忍受环境的不利改变，并把它们的基因传递给后代。环境的加速改变，使得基因多样性的保护在生物多样性保护中占据着十分重要的地位。另外，基因多样性提供了栽培植物和家养动物的育种材料，使人们能够选育符合要求的个体和种群。

☞ 生态系统多样性包括生态系统之间和生态系统内部的多样性。前者指不同区域分布多种类型的生态系统，后者指某一生态系统中由多种物种组成。物种多样性是生物多样性最直观的体现，是生物多样性概念的核心；基因多样性是生物多样性的内在形式，一个物种就是一个独特的基因库，每一个物种就是基因多样性的载体；生态系统的多样性是生物多样性的外在形式。

在生态系统层面，各种人类活动正使其以前所未有的速度被破坏。前五次的物种大灭绝是由于自然灾难和星球变化引起的，而当前生物多样性流失的主要原因则是人类活动造成的。目前，所有加速生物多样性流失的因素都与人类日益增长的需求有关。农业全球化和不恰当的农业政策、能源需求的快速增长等，都在一定程度上导致了各种生物栖息地的变化和生态系统的退化。

生物多样性对于人类社会的作用是难以估计的。正在迅速丧失的生物多样性给人类的生存带来了种种不良的影响，尤其是对农村贫困人口，他们主要的生计来源都要依靠健康的生态系统。此外，被破坏的生态系统在抵抗极端天气和过滤各种污染等方面的能力也有所下降。在农业方面，全球化和集约化的农业生产使得农作物基因多样性大量流失，这种流失使农业活动受到很多限制，减少了小农户缓解环境变化影响和减少脆弱性的选择，特别是那些贫瘠的栖息地或易遭受极端天气状况地区（如非洲和印度的干旱和半干旱地区）的农业体系。农作物基因多样性的持续流失对粮食安全可能产生重要的潜在影响。

生物多样性的丧失还对人类的健康有着潜在的威胁。基因多样性流失、人口过多和栖息地的破碎化都增加了疾病暴发的可能性。某些生态系统变化为疾病媒介创造了新的栖息环境（如非洲和亚马孙盆地疟疾风险的增加）。生态系统和环境的变化改变了疾病的类型和暴发的规律，给人类的健康带来了危害。

迅速减少的生物多样性逐渐引起了人们的重视。1987 年，UNEP 正式引入了"生物多样性"（Biodiversity）的概念。1992 年联合国召开的里约热内卢世界环境与发展大会通过了《生物多样性公约》，该公约于 1993 年 12 月 29 日作为野生生物保护新框架生效；1994 年 12 月 19 日，联合国大会宣布 12 月 29 日为"国际生物多样性日"；2001 年根据第 55 届联合国大会第 201 号决议，国际生物多样性日由原来的每年 12 月 29 日改为 5 月 22 日。2010 年 10 月，联合国生物多样性条约第 10 届缔约国会议通过了《名古屋议定书》，发展中国家和发达国家就未来 10 年生态系统保护世界目标和生物遗传资源利用及其利益分配规则达成一致，其目的是通过适当的资金援助和技术合作来保护生物多样性，实现生物遗传资源的可持续利用。

（3）全球气候变化

基于目前正在经历的明显的气候变化过程，《联合国气候变化框架公约》（简称 UNFCCC）将"气候变化"定义为："经过相当长一段时间的观察，在自然气候变化之外，由人类活动直接或间接地改变全球大气组成所导致的气候改变。"UNFCCC 将人类活动引起的"气候变化"与归因于自然原因的"气候变率"区分开来。目前正在经历的气候变化被认为主要是由人类使用化石燃料造成的。

目前，温室效应被认为是造成全球气候变暖最主要的原因。温室效应理论在 1824 年被 Joseph Fourier 提出。该理论指出，大气中的某些气体可以使太阳的短波辐射到达地面，同时吸收由地表反射回来的长波辐射，从而导致地表与低层大气温度增高。温室气体主要包括二氧化碳（CO_2）、甲烷（CH_4）、氧化亚氮（N_2O）、氢氟碳化合物（HFCs）、全氟碳化合物（PFCs）、六氟化硫（SF_6）等。1896 年，瑞典化学家 Svante Arrhenius 对温室效应做了定量分析，研究出了第一个用于计算二氧化碳对地球温度影响的理论模型，并推断大气中二氧化碳浓度的增加将导致气候变暖。

近 50 年来，大气中温室气体浓度的大幅上升使人们进一步肯定了温室效应对全球气候变暖的重要作用。二氧化碳浓度的上升主要由化石燃料的使用造成，土地利用变化对此也有一定的影响。化石燃料的使用和农业活动很可能对甲烷浓度的上升起到决定性作用。氮氧化物浓度的上升主要由农业活动导致。1750 年以来的人类活动被认为与变暖趋势非常相关。目前观测到的 20 世纪中期以来的全球平均温度上升，很可能大部分由人为造成的温室气体浓度上升有关。

气候变化给人类和环境带来的危害非常严重，其中主要包括海平面上升、极端天气现象、生态系统和区域气候模式的变化等。如果地球表面温度的升高按现在的速度继续发展，到 2050 年全球温度将上升 2～4℃。这一温度上升导致的海平面上升，将使一些岛屿国家和低地区域面临被海水侵蚀的威胁，严重影响当地居民的生计安全。与此同时，一些极端炎热和大的降水，以及热带气旋等现象的强度和数量预计会有增加；高纬度降水将会增加，而大部分亚热带陆地区域降水将会减少。各区域的气候变化，尤其是温度的上升，被认为在很大程度上增加了山区和其他永冻区土地的不稳定性，并且影响了两极地区的生态系统。水文系统也受到了相应的影响。由冰川和积雪补给的河流由于春汛提前以及水量增大而受到影响，并且其水质由于水温升高也在发生变化。陆地生态系统也由于温度升高而发生变化，动植物的生存范围开始向高纬度和两极移动。

为了应对气候变化，1992 年通过的《联合国气候变化框架公约》明确了发达国家和发展中国家"共同但有区别的责任"原则。1997 年通过的《京都议定书》进一步明确了发达国家在 2008—2012 年的减排目标，并通过建立国际排放贸易机制、联合履行机制和清洁发展机制，促进资金和技术的转移以及减排任务的完成。2009 年 12 月，联合国气候变化大会达成不具有法律约束力的《哥本哈根协议》，对发达国家实行强制减排和发展中国家实行自主减排行动做出安排，并就全球长期目标、资金和技术支持等达成了共识。

（4）持久性有机污染物

持久性有机污染物（Persistent Organic Pollutants，POPs）是指能够持久地存在于环境中，具有生物蓄积性、半挥发性和高毒性，能够通过各种环境介质（大气、水、生物体等）进行长距离迁移，并对人体健康和环境具有严重危害的天然或人工合成的有机污染物。

基于这一定义，国际上公认的 POPs 的特性有四个：持久性、积聚性、流动性和高毒性。正因为同时具有这四个特性，POPs 一旦进入环境，就会对人类和动物造成潜在的危害。进入无机环境介质的 POPs 难以被降解，并且会通过水和大气等流动介质迁移至全球各地。由于其强烈的亲脂憎水性，POPs 最终会富集在生物体内，并沿食物链逐级浓缩，最终对人类和动物造成严重的负面影响。大量的监测研究已表明，目前从炎热的赤道地区到寒冷的极地地区的各种环境介质（大气、气溶胶、水体、土壤、底泥等）以及动物、人体组织中均发现存在 POPs，人类已经处于 POPs 的包围之中。

从 20 世纪 40 年代开始，人类生产和使用 POPs。从滴滴涕、六六六等化学品的杀虫效果被发现后，人们开始大量生产和使用各种有机氯农药。这些有机氯农药杀虫效果非常好，一度带来粮食产量和劳动效率的空前提高。然而，这些物质对环境及人类健康造成的潜在危害也逐渐显现出来。研究显示，这种有机氯农药可以通过空气、水和土壤等环境介质进入农作物中，沿食物链进一步进入到牲畜和人体内并且逐渐积累，对人体健康造成严重危害。另外，这些农药也使许多害虫产生了抵抗力，并且通过生物链结构的改变导致一些无害昆虫变为害虫。

20 世纪 60—90 年代，越来越多的污染事件开始在世界范围内发生，逐渐引起国际社会对 POPs 的关注。例如，1976 年意大利塞维索二噁英泄漏事件导致畸形胎儿增多；1961—1975 年美军在越南北部喷洒大量含二噁英的脱叶剂，导致动物出现生殖系统异常，孕妇出现先天性流产等。面对越来越多的 POPs 污染事件，国际社会开始对这些化学品采取控制措施。《国际农药销售和使用的行为规则》《化学品国际贸易信息交换伦敦准则》等措施相继推出。

20 世纪 90 年代初，某些具有环境持久性的化学物质对环境和人类健康的影响日益受到人们关注，其中同时具有持久性、生物积聚性、长距离迁移能力和高毒性的物质尤其受到关注，被称为 POPs。1995 年 5 月召开的 UNEP 理事会通过了关于 POPs 的 18/32 号决议，强调了减少或消除首批 12 种 POPs 的必要性，并提出了 POPs 的定义。此后，POPs 的概念正式得到国际社会的认可。

事实上，符合 POPs 定义的化学物质远远不止 12 种，一些机构和非政府组织已相继提出了关于新 POPs 的建议，2004 年 8 月，欧盟在一份题为"化学污染：委员会想从世界上清除更多的肮脏物质"的新闻稿中提议扩大 POPs 名单，并在《斯德哥尔摩公约》中加入下列 9 种新 POPs：开蓬，六溴联苯，六六六（包括林丹），多环芳烃，六氯丁二烯，八溴联苯醚，十溴联苯醚，五氯苯，多氯化萘（PCN）和短链氯化石蜡。另外一些被学术界或非政府组织提名的新 POPs 物质包括：毒死蜱，阿特拉津和全氟辛烷磺酸类。

5.1.3 全球环境问题的投资特征

全球环境问题是一种超越单一主权国家的国界和管辖范围的全球性问题，这就意味着，解决全球环境问题涉及各国政府的事权划分。1992 年的《里约环境与发展宣言》指出，鉴于导致全球环境退化的各种不同因素，各国负有共同但有差别的责任。这种差别主要体现在发达国家和发展中国家之间。一方面，全球环境退化在历史上主要是在发达国家工业化过程中造成的；另一方面，目前发达国家掌握大部分的重要技术和财力资源。基于这两方面原因，同时考虑到发展中国家还存在发展经济的需求，发达国家应该承担更多的责任。

解决全球环境问题的主要资金机制是，建立全球性的环境保护基金，由各国政府提供资金来源，由国际金融组织以及联合国相关部门共同管理、监督资金的使用，对项目成果进行评估以积累相关经验。

由于全球环境问题的复杂性，相关投资项目具有规模大、周期长的特点。以全球环境基金（简称 GEF）支持的投资项目为例（表 5-1），1991—2011 年各领域大型项目投资占该领域投资总额的占比分别为：生物多样性，89%；气候变化，91%；国际水域，97%；土地荒漠化，92%；多损伤区域，95%；臭氧层保护，98%；持久性有机污染物，80%。

表 5-1　全球环境基金 1991—2011 年各投资领域项目类型

领域	GEF 投资总额（包括联合融资）/百万美元		
	大型项目	中型项目	基础活动
生物多样性	10 766.07	725.90	122.65
气候变化	23 072.48	724.87	188.91
国际水域	7 423.03	116.82	——
土地荒漠化	2 067.85	145.16	——
多损伤区域	5 326.71	146.57	35.19
臭氧层保护	394.15	5.78	——
持久性有机污染物	1 034.87	72.15	71.28

注：联合融资是指全球环境基金赠款带动的其他机构所投入的资金。

数据来源：2011 年 GEF 年度报告。

5.2　国际环境公约下的资金机制

为保证发展中国家缔约方能够顺利履行其在国际环境公约下承诺的义务，大部分国际环境公约都指定了相应机构向发展中国家提供履约资金。目前，全球范围内针对全球环境问题的规模较大资金机制主要有两个：一个是全球环境基金，另一个是蒙特利尔多边基金（表 5-2）。

表 5-2　全球环境问题及其对应公约指定的资金机制

资金机制	全球环境问题	相关公约
全球环境基金	生物多样性丧失	《生物多样性公约》《卡塔赫纳生物安全议定书》
	气候变化	《联合国气候变化框架公约》《京都议定书》
	持久性有机污染物	《关于持久性有机污染物的斯德哥尔摩公约》
蒙特利尔多边基金	臭氧层消耗	《保护臭氧层维也纳公约》《蒙特利尔议定书》
清洁发展机制	气候变化	《联合国气候变化框架公约》

蒙特利尔多边基金于 1993 年开始正式运作，是《关于消耗臭氧层物质的蒙特利尔议定书》框架下为帮助发展中国家履约而设立的资金机制，负责支付发展中国家淘汰消耗臭氧层物质活动的额外费用。

全球环境基金成立于 1991 年，致力于鼓励发展中国家开展对全球有益的环境保护活动。1994 年，全球环境基金开始承担国际环境公约的资金机制职能。目前，全球环境基金负责为三个主要的全球环境问题提供履约资金，包括生物多样性丧失、气候变化和持久性有机污染物问题。实际上，在《保护臭氧层维也纳公约》后期的国际环境公约，都倾向于选择全球环境基金作为其资金机制。这主要是考虑到全球环境基金的机构组织和运行程序都已比较成熟，选择其作为资金机制要比筹建新的资金机制更加便捷。但发展中国家缔约方对于全球环境基金的资金充足性有所顾虑，毕竟全球环境基金已经承担了多个国际环境公约的资金机制职能。

5.2.1 全球环境基金

全球环境基金的建立可以追溯到 1987 年，当时的《布伦特兰报告》认为，资金严重缺乏是环境问题难以解决的重要原因。为此，联合国开发计划署对这一问题进行专门研究并提出建立国际环境基金的建议。1989 年，在国际货币基金组织和世界银行发展委员会的年会上，法国与德国共同倡议设立全球环境基金。1991 年 3 月 31 日，由 21 个国家捐款 14 亿美元组成全球环境信托基金（Global Environment Trust Fund，GET），全球环境基金开始了为期 3 年的试运行阶段。

在全球环境基金的试运行阶段，只履行发达国家的官方发展援助（简称 ODA）职能，对发展中国家开展对全球有益的环境活动进行支持。当时全球环境基金的管理方式是封闭的，援助过程也是单方的，缺少发展中国家的参与。例如，在试运行阶段，全球环境基金理事会的表决方式是"布雷顿森林模式"，即表决权的权重取决于出资比例。由于出资方均为发达国家，所以其他国家并无表决的权利。

1992 年《联合国气候变化框架公约》和《生物多样性公约》制订后，发达国家希望以全球环境基金作为公约的资金机制。然而，由于其他国家无权介入全球环境基金的决策和管理，这一方案难以达成。为了争取其他国家的同意，1994 年 3 月全球环境基金进行重组，并开始担任多个国际环境公约的资金机制职能。

在履行公约资金机制职能时，全球环境基金需遵循以下总体政策：

☞ 符合国家优先性，资金机制资助的项目应当针对具体国家，并与国家促进经济、社会发展的优先发展领域一致，如消除贫困、提高居民健康水平等；

☞ 符合成本效益，应尽量使效果产出与资金投入的比例最大化；

☞ 促进融资，项目选择应当促进其他渠道的联合融资，包括双边、区域和其他多边渠道，以及受援国政府和私营部门的融资。

（1）全球环境基金的组织机构

全球环境基金的组织机构按照其各自的职能来划分，可以分为审议机关和运作实体两大机构，而运作实体可以进一步被划分为管理机构、执行机构和附属机构三个分支机构（图 5-1）。

由于全球环境基金同时承担官方发展援助和国际环境公约的资金机制两个主要职能，其审议机关也分为两个层面：当全球环境基金发挥官方发展援助职能时，审议机关为全球环境基金成员国大会；而当其发挥国际环境公约资金机制职能时，审议机关为国际环境公约缔约方大会。审议机关主要负责制定全球环境基金在履行特定职能时的总体政策。

全球环境基金的运行实体中的管理机构是全球环境基金理事会（GEF Council），其职责是将审议机关的总体政策转化为针对运行实体的具体可执行的政策。全球环境基金理事会由 32 位理事组成，由全球环境基金成员国各选区选举、任命，其中 14 名来自非受援国（即发达国家），16 名来自发展中国家，2 名来自经济转型国家。理事会通过每两年一次的会议议事，以协商一致的原则表决。

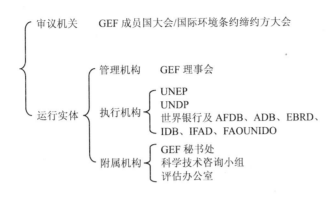

图 5-1　全球环境基金组织机构

　　执行机构负责落实管理机构的政策，其责任包括开展具体援助项目并向管理机构汇报。全球环境基金执行机构的职能由以下一系列机构（GEF Agencies）来完成：联合国环境规划署、联合国开发计划署（简称 UNDP）、世界银行（World Bank）、非洲开发银行（简称 AFDB）、亚洲开发银行（简称 ADB）、欧洲复兴开发银行（简称 EBRD）、美洲开发银行（简称 IDB）、国际农业发展基金（简称 IFAD）、联合国粮食及农业组织（简称 FAO）、联合国工业发展组织（简称 UNIDO）。其中，联合国环境规划署主要负责科研、数据收集和信息交流等项目；联合国开发计划署主要负责能力建设和技术援助项目；世界银行主要负责工程项目，并且承担全球环境基金信托基金托管人的职能，负责接受缴款并分配给各机构。其他金融机构共同协助这三个主要机构实施项目资助的责任，各机构被要求根据自身的比较优势进行项目资助。

　　全球环境基金的附属机构包括秘书处（GEF Secretariat）、科学技术咨询小组（简称 STAP）和评估办公室（Evaluation Office）。全球环境基金秘书处由首席执行官（简称 CEO）领导，其职责是执行理事会和缔约方会议的决定，并直接向这两个机构报告。秘书处有权对基金政策和战略作出调整，并负责对纳入年度工作计划的项目进行监督，保证其遵循相关的业务战略和政策。科学技术咨询小组负责为基金的政策和项目提供战略性建议，专家小组由秘书处支持。评估办公室对基金的工作进行监督和评估，并直接向基金理事会汇报。评估办公室的工作包括制定监督和评价标准、监督基金的运行、对基金整体业绩作出评价、总结经验以提高基金的效率等。

　　（2）全球环境基金的业务流程

　　全球环境基金完整的业务流程包括从制定总体政策开始到具体项目结束的整个过程（图 5-2）。首先，针对《联合国气候变化框架公约》、《生物多样性公约》和《斯德哥尔摩公约》，全球环境基金理事会批准相应的业务战略，规定基金履行以上公约资金机制的职能。针对这三个领域，基金在每一期都会制定战略优先级，以解决业务战略与资金有限的矛盾，并且会制定重点领域战略使业务战略具体化，而后才开始考虑具体援助哪些项目。

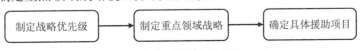

图 5-2　全球环境基金的业务流程

全球环境基金的资助项目从赠款额度上可以分为四个类型：基础活动项目（简称 EA）、全额项目（简称 FSP）、中型项目（简称 MSP）和小额赠款项目（简称 SGP）（表 5-3）。基础活动项目主要资助发展中国家缔约方履行公约的基础活动，主要是能力建设活动，包括制定履约战略和行动计划，以及准备国家信息通报，可申请最多 50 万美元的资助。另三种项目主要针对工程项目。其中全额项目指赠款超过 100 万美元的项目，项目必须符合国家优先性以及基金的重点领域战略，并且要符合公约规定的活动资格。中型项目为赠款额不超过 100 万美元的项目，对项目的要求与全额项目相同。小额赠款项目最多提供 5 万美元赠款，主要目的是补充全额和中型项目，为非政府组织（简称 NGO）、当地社区等团体提供参与的机会。

表 5-3   全球环境基金的项目类型

项目类型	资助类型	赠款额度/万美元
基础活动项目	能力建设、战略计划类	50
全额项目	工程类	超过 100
中型项目	工程类	不超过 100
小额赠款项目	工程类	不超过 5

针对不同的项目类型，其项目周期不尽相同，其中全额项目的周期最复杂，分为以下五个步骤：项目概念开发、项目准备、项目评价、项目批准和执行监督，以及项目结束和评估，全球环境基金全额项目流程见图 5-3。

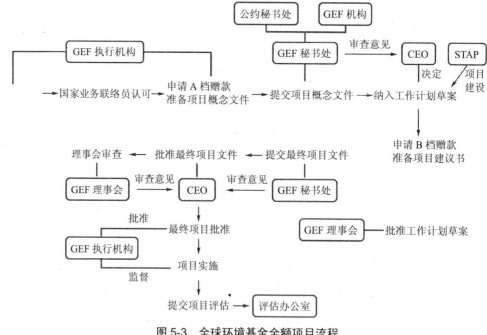

图 5-3   全球环境基金全额项目流程

申请新项目的过程中，首先要向 GEF 执行机构提出项目概念。项目概念必须经过国家业务联络员的认可，可以申请项目开发准备金的 A 档赠款来准备项目概念文件。项目概念文件完成后需提交给 GEF 秘书处，并将分发至各 GEF 机构和相关公约秘书处分别审查。秘书处完成审查后，首席执行官将考虑是否将该项目纳入工作计划草案。被纳入工作计划草案的项目概念文件将被送至 STAP，进一步提出项目建议。进入工作计划草案的项目可申请项目开发准备金的 B 档赠款，进行项目准备。GEF 首席执行官将对是否批准项目准备金作出决定。秘书处经首席执行官同意后将工作计划草案提交 GEF 理事会审查批准。

在工作计划草案批准后，执行机构将对项目做最后的细节安排并形成最终项目文件。在执行机构最终批准项目之前，项目需要先被首席执行官认可，并通过理事会的审查，GEF 资助的金额也在这个阶段由首席执行官确认。经首席执行官批准的项目可进入最后的执行机构批准阶段，即由项目的执行机构进行最终的项目批准。获得批准后，项目将在执行机构的监督下实施。项目结束后，需要向评估办公室提交最终评估报告。

（3）全球环境基金的资源分配框架（简称 RAF）

资源分配框架是 GEF 从 2006 年开始在生物多样性和气候变化领域采用的分配有限资金的标准，在每个增资期根据对有资格的受援国的评分来决定分配给各国可能的资金量。在资源分配框架采用以前，GEF 分配资金的方式是"先到先得"（first-come，first-serve），即项目被提出后，会被列在清单上等待审核，达到一定标准即可被批准，然而这种资金使用方式难以达到全球效益最大化的目标。从第三次增资期开始，GEF 变换了一种方式来分配有限的资金，即通过考察一个国家产生全球环境效益的整体表现和潜力来综合考虑资金分配问题。

资金分配框架在决定国家能够得到的资助额度时，主要考虑两个重要指标。

☞ 全球环境基金效益指标（GEF Benefits Index，GBI），该指标反映了国家在某个全球环境问题领域产生全球环境效益的潜力。这一指标可以保证 GEF 对该国投资后能够产生全球环境效益，满足成本效益原则。

☞ 全球环境基金业绩指标（GEF Performance Index，GPI），这一指标反映了国家顺利实施 GEF 项目并产生相应环境效益的能力，具体包括国家政策制定和执行的能力、创造能够帮助 GEF 项目顺利实施的环境能力等。

资源分配框架的这种资金分配方式大大推进了 GEF 在全球环境效益最大化方面的进程。根据各国产生全球环境效益的潜力可以判定资金投入到哪个地区能够产生更大的环境效益，而对国家业绩表现的评价则保证了资金的成本效益。整个框架通过在每一增资期先期确定各国最大赠款额的方式，从总体上引导了资金分配的合理性。

（4）全球环境基金的资金来源和去向

GEF 在履行国际环境公约的资金机制职能时，其供资方和受援方是由相应的公约规定的。绝大部分情况下，公约根据共同但有区别的责任原则规定发达国家缔约方为资金机制的供资方，而非发达国家缔约方为受援方。资金机制资助的活动类型根据所解决的环境问题而有所不同。表 5-4 列出了针对不同全球环境问题的资金机制的资金来源和去向。

表 5-4　针对不同全球环境问题的资金机制、资金来源和资助活动

全球环境问题	资金机制	资金来源	资助活动
生物多样性丧失	全球环境基金	发达国家缔约方	保护和持续利用生物多样性的活动，规定 10 类优先事项
全球气候变化	全球环境基金	发达国家缔约方	缓解活动，兼顾适应活动，主要为研究类活动
	气候变化特别基金（SCCF）	发达国家缔约方	适应、缓解（主要为技术转让）和经济多样化活动，经济多样化和能源领域的缓解活动（主要为技术转让）为优先事项
	适应基金（AF）	CDM 项目的部分收益	脆弱国家的适应活动，主要为工程项目
	最不发达国家基金（LDCF）	发达国家缔约方	最不发达国家的适应活动，制定和实施国家适应行动计划（NAPAs）为优先事项
持久性有机污染物	全球环境基金	发达国家缔约方	消除持久性有机污染物危害

生物多样性资金机制的资金来源和去向

1996 年第三次缔约方大会通过了《生物多样性公约缔约方大会与全球环境基金理事会之间的谅解备忘录》，正式确立了《生物多样性公约》与全球环境基金二者之间的权利义务关系，全球环境基金正式成为公约资金机制的运作实体。《卡塔赫纳生物安全议定书》中也提出采用公约的资金机制作为议定书的资金机制。

在缔约国第一次会议确定的发达国家缔约方和其他自愿承担发达国家缔约方义务的缔约方名单中，除美国迄今没有批准公约外，这些国家包括了所有发达国家缔约方，但没有经济转型国家和发展中国家自愿承担供资义务。公约资金机制实际上由发达国家缔约方出资。

公约资金机制中规定的有资格的受援国包括所有发展中国家缔约方，同时特别优先考虑最不发达国家、小岛屿国家、境内有干旱和半干旱地带、沿海和山岳地区的生态脆弱国家的需要。

缔约方大会确定的资助活动范围非常宽泛，包括所有与保护和可持续利用生物多样性有关的活动。缔约方会议经讨论和修改确定以下优先活动：

☞ 制订、实施，必要时修订国家生物多样性战略和行动计划；

☞ 对保护和利用生物多样性具有鼓励作用的法律、社会和经济措施，包括发展生物多样性方面的教育、公众意识和交流能力；

☞ 查明和监测活动，查明和监测的对象是：具有高度生物多样性、大量特有物种的生态系统和生境，具有重大社会、经济、文化和进化科学价值，或者濒危的物种和基因，并保存整理查明和监测活动得到的数据；

☞ 促进地方社区和土著居民保护和利用生物多样性的措施，为土著社区利用遗传资源提供资金支持；

☞ 外来侵袭物种战略和行动计划项目，特别是那些地理上和演变中与外界隔绝的生态系统相关的战略和行动；

☞ 生物安全方面的能力建设，确保有效参加生物安全资料交换所，提高实施《生物安全议定书》的能力；

☞ 生物分类方面的能力建设；

☞ 为农业目的保护和利用生物多样性的活动，特别是保护、利用地方特有物种；

☞ 提高参与资料交换的能力，促进获得有关技术；

☞ 处理基因资源获取和惠益分享的活动，包括查明这方面的法律和政策，实施这些措施的机构和人才的优势和弱点，以及对遗传资源进行经济估价的能力建设。

同时，还包括评估国家、分区域和区域有关获取遗传资源和惠益分享的制度，促进形成国际一致认识。另外，缔约方大会还要求资金机制资助编制下列专题领域规划的能力建设：农业生物多样性、森林生物多样性、干旱和半湿润土地、内陆水域、海洋和沿海生物多样性、山区生物多样性。

气候变化资金机制的资金来源和去向

《联合国气候变化框架公约》委托 GEF 作为其资金机制，并且还另外建立了三个特别基金：公约下的气候变化特别基金（简称 SCCF）和最不发达国家基金（简称 LDCF），以及议定书下的适应基金（简称 AF）。除适应基金外，其他三个资金机制均由全球环境基金负责运行。

全球环境基金信托基金是最早通过的服务于气候变化领域的资金机制。1996 年，公约第二次缔约方大会通过了《UNFCCC 缔约方大会与全球环境基金理事会之间的谅解备忘录》，备忘录明确了缔约方大会与全球环境基金的权利义务关系。在气候变化领域，全球环境基金信托基金规定有资格获得资助的国家是非附件一缔约方，即非发达国家缔约方。资助的活动主要是缓解活动，包括能力建设、技术转让、公众宣传活动和发展中国家自愿的减排项目。基金也兼顾适应活动，主要包括信息收集发布和对气候变化影响的评估。该基金资助的项目主要是研究活动。

气候变化特别基金资助的活动包括缓解活动、适应活动和公约第 4 条第 8 款第 h 项所指缔约方（指经济高度依赖矿物燃料的国家，主要是石油输出国组织成员国）的经济多样化活动，以及为以上活动进行的技术转让。其中缓解活动包括技术转让和能源、运输、工业、农业、林业和废弃物管理，技术转让的具体内容与全球环境基金信托基金相同，其余缓解活动则是具体的工程项目。资助的适应活动主要集中在适应研究上，即获得信息和评估。气候变化特别基金资助的适应活动包括如下具体项目：

☞ 在掌握足够信息的前提下，开展水资源和土地资源管理，建设和完善农业、卫生和保健等基础设施，开展脆弱生态系统和海岸带综合管理；

☞ 改进疾病控制和预防工作，包括加强对疾病和病媒的监测，建立预报和预警系统；

☞ 加强与气候变化有关的防灾减灾规划和机构建设；

☞ 建立或加强信息网络，为应对极端天气事件做好信息技术方面的准备。

在《联合国气候变化框架公约》第十二次缔约方大会上，经济多样化和能源领域的缓解活动（主要是技术转让）被确定为气候变化特别基金的优先事项。

最不发达国家基金只资助最不发达国家，活动资格仅仅包括适应活动，其中制定和实施国家适应行动计划（简称 NAPAs）处于最优先位置。具体包括下列活动：

☞ 加强已有的、并在需要时建立国家气候变化秘书处或协调点，使最不发达国家缔约方有效执行公约和《京都议定书》；

☞ 持续按照需要提供谈判技能和语言方面的培训，以使最不发达国家的谈判者有效参与气候变化进程；

☞ 支持拟订国家适应行动方案。

适应基金由适应基金董事会负责运行操作，并配备世界银行作为资金托管人。适应基金的资金来源主要是非附件一缔约方通过清洁发展机制（简称 CDM）所得的 2%的项目收益提成。对最不发达国家免征这 2%的提成。清洁发展机制是根据《京都议定书》第 12 条建立的发达国家与发展中国家合作减排温室气体的灵活机制。它允许附件一国家（发达国家）在非附件一国家（发展中国家）投资实施能够减少温室气体排放或者通过增加碳汇消除温室气体的减排项目。为了增加适应基金的资金来源，缔约方会议决定，未批准《京都议定书》附件一的国家也要向适应基金提供额外资金，但是额外资金的提供标准和数额并没有确定。适应基金资助的国家是公约第 4 条第 8 款所指的脆弱国家。其资助的活动为适应活动，主要是工程项目。

持久性有机污染物

2001 年通过的《斯德哥尔摩公约》指定全球环境基金作为公约资金机制的临时运作实体。2005 年 5 月，公约与全球环境基金签订了谅解备忘录，规定了全球环境基金与公约缔约方大会的权利义务关系。

该资金机制的供资方为发达国家缔约方，有资格的受援国是非发达国家缔约方，并会特别考虑最不发达国家的特殊需求。资金机制资助的活动范围并没有明确的限定，所有保护人类健康和环境免受持久性有机污染物危害的活动都可以得到资助。资金机制确定了以下优先事项：制订并修改国家实施计划，筛选和实施在国家实施计划中列为国家或区域优先重点的活动；减少具备资格的缔约方提出具体豁免的需要；支持或促进能力建设，包括开发人力资源和建立组织机构；促进技术转移和开发，包括促进研制和采用替代持久性有机污染物的非化学品；对利益相关者和一般公众的教育、培训、公众参与和宣传活动；增强信息交流和管理活动；研制和促进使用 POPs 的替代产品。

为了履行公约资金机制的职能，GEF 于 2003 年制订了专门的业务规划（简称 OP14），明确为两类活动给予资助：各受援国根据本国具体情况，建立和加强履行公约义务能力的活动，其中制定国家实施计划是最优先事项。这些活动的商定费用可以全额提供；在国家和区域一级采取具体的实施措施，停止使用 POPs 或者消除影响的活动，GEF 可以为这类活动提供额外费用。

（5）全球环境基金的联合融资情况

1991—2011 年 GEF 赠款带动联合融资的情况来看，其带动配套资金的能力非常强，联合融资的资金额可以占到总投资额的 81.3%，即 1 美元的 GEF 赠款平均可以带动约 4.3 美元的联合融资。在生物多样性、气候变化和持久性有机污染物等领域，GEF 带动联合融资的能力各不相同。其中，在气候变化、国际水域和土地荒漠化领域带动联合融资的效果比较好，联合融资在总资金量中的比例可达 85%左右；在生物多样性和多损伤地区领域，联合融资量占总资金量的 74%左右；在持久性有机污染物和臭氧层保护领域，联合融资量分别占总资金量的 62.2%和 51.3%（图 5-4）。

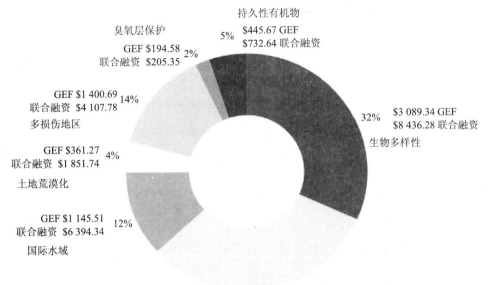

图 5-4　1991—2011 年 GEF 赠款及带动联合融资情况（单位：百万美元）

资料来源：2011 年 GEF 年度报告

5.2.2　蒙特利尔多边基金

为保护臭氧层，国际社会于 1985 年通过了《保护臭氧层维也纳公约》。1987 年，通过了《关于消耗臭氧层物质的蒙特利尔议定书》，议定书规定了各缔约方具体的控制义务。此后，缔约方会议又陆续通过了议定书的《伦敦修正》、《哥本哈根修正》、《蒙特利尔修正》和《北京修正》，进一步规定了更加严格的控制措施。1990 年通过的《伦敦修正》提出为议定书建立相关的资金机制。1991 年，蒙特利尔多边基金以临时资金机制的形式开始运行，1993 年被确定为议定书的正式资金机制。多边基金为发展中国家缔约方履约活动提供增加的议定成本。

（1）蒙特利尔多边基金的组织机构（图 5-5）

议定书缔约方会议是蒙特利尔议定书下的多边基金的审议机关，会议负责制定总体政策，并每三年一次制定基金预算。执行委员会是基金运行实体的管理机构，委员会代表缔约方会议负责基金的具体管理。执行委员会由 14 名委员组成，其中 7 名来自第 5 条缔约方集团，另外 7 名来自非第 5 条缔约方集团，兼顾了第 5 条缔约方和非第 5 条缔约方的要求。基金的执行机构包括世界银行、联合国环境规划署、联合国开发计划署和联合国工业发展组织，负责具体提供与履约相关的资金和技术支持。此外，多边基金还设立秘书处，负责执行委员会休会期间的日常工作，协调实施机构与缔约方的关系，并直接向执行委员会汇报工作。

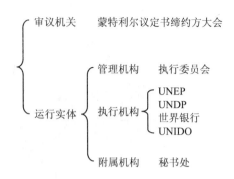

图 5-5　蒙特利尔多边基金组织机构

（2）蒙特利尔多边基金的业务流程

由于蒙特利尔多边基金的业务范围相对单一，只负责保护臭氧层领域的资金筹集和分配工作，其业务流程也相对简单很多，只分为制订计划和项目执行两个主要部分。多边基金每三年增资一次，在每个增资期前，预先确定该期的项目计划，并制定整体预算。根据每一期的预算，基金供资方将按一定比例缴款，最后进行项目资助。多边基金不提倡单个的、无系统的项目申报，鼓励国家建立整体的 ODS 淘汰计划进行申报。

向多边基金申请项目时，需要将项目文件提交至秘书处，然后由秘书处转给项目申请国家指定的执行机构。该执行机构将与申请国家联系，进一步细化项目文件以达到多边基金的所有要求。经秘书处审查合格后，修改过的项目文件将被送至执行委员会，并在执行委员会会议上讨论批准。所有项目必须在委员会会议 8 周前提交秘书处，以供秘书处审核提交。

（3）蒙特利尔多边基金的资金来源和去向

蒙特利尔多边基金建立的时间较早，当时没有明确确立发达国家向非发达国家供资的模式。蒙特利尔议定书的多边基金在划分供资方和受援方时，是根据各个国家的 ODS 人均消费量来区分的。在 1989 年 1 月 1 日至 1999 年 1 月 1 日的任何一年内，人均消费议定书附件 A 中所列 ODS 低于 0.3 kg 的缔约方，被称为第 5 条国家，这些国家是资金机制的合格受援国，而非第 5 条国家是供资国。这种划分方式实际上反映了消费者付费的原则，人均消费 ODS 量大的国家对臭氧层破坏所需负担的责任也大，因此需承担供资义务。根据这一标准，发达国家和经济转型国家是非第 5 条国家，发展中国家一般属于第 5 条国家。这种划分供资方和受援方的模式为后来确立的发达国家缔约方供资模式奠定了基础。

非第 5 条缔约方按照议定书缔约方会议批准的预算进行缴款，缴款的比例参照联合国会费的分摊比例。非第 5 条缔约方通过双边合作和区域合作直接向某些第 5 条缔约方提供的资金也可以视为向多边基金的缴款，但这一类资金不得超过向多边基金年度缴款的20%。

多边基金资助的活动包括两类。第一类是信息交换，主要指第 5 条缔约方在相关领域的信息收集和发布、人员培训等。第二类是实施控制措施的具体活动，主要包括两个方面。第一，制定具体措施的战略和计划。这一部分内容包括查清本国 ODS 生产、使用、进出口的数据或者估计数据，制定控制目标，制定项目实施的时间表，估计预期成果和制定项目预算。第二，具体工程项目的实施，即与淘汰释放 ODS 的产品、设备有关的具体活动。这一部分活动包括生产 ODS 替代品和消除 ODS 及其产品的活动。多边基金在资助项目时注重成本效益，1994 年多边基金执行委员会决定削减每吨 ODS 的费用不得超过 10 万美元。

（4）资金筹集成果

截至 2012 年 9 月，多边基金执行委员会已经批准了约 29 亿美元，支援 146 个发展中国家的 6 800 多个项目，协助削减 ODS 生产与消费量 46 万余 t（ODP 吨），相当于每削减 1 kg 的 ODS 可以用 6 美元左右的基金赠款，非常具有成本效益。此外，典型的项目周期基本被控制在 33 个月。

5.3　中国应对全球环境问题的投融资现状

5.3.1　中国在臭氧层保护领域的投融资现状

（1）现有融资渠道

在臭氧层保护领域，中国履约所需的所有额外费用都由蒙特利尔多边基金支付。这种出资模式的制定是有以下事实根据的：1986 年（削减 ODS 的基准年）第 5 条缔约方国家（大部分为发展中国家）ODS 的生产量只占全球的 7%，消费量占全球的 9%，且第 5 条额外费用缔约方国家生产和消费 ODS 的时间都很短，非第 5 条缔约方国家在臭氧层消耗这一问题上负有绝对主要的责任；同时，考虑到第 5 条缔约方国家的国情需要，如果没有充分的资金支持，这些国家很难履行公约义务。蒙特利尔多边基金的出资模式充分体现出共同但有区别的责任这一原则。

事实上，蒙特利尔多边基金确实充分发挥了其既定的作用。自中国加入保护臭氧层公约和议定书以来，在实施淘汰消耗臭氧层物质的具体项目时，蒙特利尔多边基金的赠款是中国履约最主要的资金来源。图 5-6 显示了 1994—2010 年蒙特利尔多边基金对中国赠款的情况。截至 2010 年，多边基金对中国的赠款已达到约 8 亿美元，为中国实施各种淘汰消耗臭氧层物质的项目提供了充足的资金保障。

（2）中国削减消耗臭氧层物质项目实施情况

中国削减 ODS 的工程项目主要包括三种类型：单个项目、伞形项目和行业计划。其中，单个项目是我国最早开始实施的一类项目。从 1992 年开始，我国就以单个项目的形式向多边基金执委会申请赠款。但随着履约工作经验的不断积累，我国逐渐发现与单个项目相比，伞形项目和行业计划是更有效率的项目类型。为保证项目执行的效率和质量，中国从 1998 年开始逐渐调整申报项目的类型，由单个项目向伞形项目和行业计划转变。

伞形项目是将同类企业的单个项目进行集中管理的一种项目。考虑到同类企业往往采用类似的淘汰方式和替代技术，把这些企业的单个项目进行集中管理可以产生规模效益，降低设备采购和服务等成本。1998 年中国开始实施第一个伞形项目，此后，又陆续向多边基金申请了一些伞形项目。

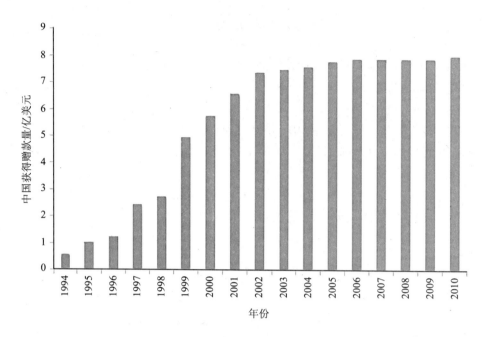

图 5-6　中国获得蒙特利尔多边基金赠款量

　　2002 年中国停止申报伞形项目，并形成以行业计划项目为主的格局。行业计划是针对某一行业淘汰 ODS 的整体淘汰计划，是我国目前进行 ODS 削减活动的主要方式。我国向多边基金以行业计划的形式申请赠款始于 1997 年。截至 2010 年，多边基金执委会已批准我国的 18 个行业计划（表 5-5），项目实施进展良好。

表 5-5　蒙特利尔多边基金执行委员会每年批准的各类项目数量统计

年份	单个项目	伞形项目	行业计划
1996	16	0	0
1997	40	0	1
1998	30	1	1
1999	58	2	1
2000	7	1	2
2001	8	4	1
2002	0	0	3
2003	0	0	1
2004	0	0	3
2005	0	0	2
2006	0	0	0
2007	0	0	1
2008	0	0	1
2009	0	0	0
2010	0	0	1

中国推行的行业整体淘汰机制被证明非常有效。这种以国家牵头，在行业层面实施整体淘汰受控物质的模式，有利于项目管理和协调实施，也提高了资金使用的效率。自 2010 年 1 月 1 日起，我国全面淘汰了全氯氟烃、哈龙、四氯化碳和甲基氯仿 4 种主要的 ODS，标志着议定书第一阶段履约任务基本完成。自 1991 年签署《蒙特利尔议定书》至 2010 年，我国累计获得多边基金赠款约 8 亿美元，共实施了 400 多个项目和 18 个行业计划，为 300 多家企业提供了资金支持，共计淘汰了 10 万 t ODS 的生产和 11 万 t 的消费，约占全球淘汰总量的 50%以上，为保护臭氧层做出了突出贡献。

（3）中国在臭氧层保护领域的资金供需分析

就目前的履约进度来看，中国在淘汰 ODS 方面的工作已接近尾声。自开展行业整体淘汰机制以来，中国已实施了 17 个行业的整体淘汰机制，基本涵盖了与 ODS 有关的所有行业。淘汰工作进展迅速，多种重要 ODS 已被全部淘汰或接近全部淘汰。下一阶段，中国将进行一些收尾工作，包括继续进行未完成的行业淘汰机制等。

根据 1999 年修订的《中国逐步淘汰消耗臭氧层物质国家方案》，对中国实现 ODS 生产和消费的淘汰计划、替代品生产计划、回收计划以及技术援助所发生的额外费用进行了估算，提出中国全面完成 ODS 淘汰共需蒙特利尔多边基金援助 9.53 亿美元。截至 2010 年，多边基金对中国的赠款总量已达 8 亿美元，占《中国逐步淘汰消耗臭氧层物质国家方案》中估算的中国总资金需求量的 80%。下一阶段的收尾工作还将需要的资金量已不是很大。

就蒙特利尔多边基金目前对中国的资助情况来看，该资金渠道基本可以保证中国应对臭氧层消耗的资金需求，使中国顺利完成淘汰 ODS 的工作。

5.3.2 中国在生物多样性领域的投融资现状

（1）现有投融资渠道

从事权划分的角度来看，生物多样性保护涉及的责任主体很多。在国际层面，由于发展中国家缔约方拥有丰富的生物多样性资源，但缺少履约所需的资金和重要技术，因此需要发达国家缔约方在资金和技术层面提供支持。就国内而言，中央政府负责生物多样性保护的总体规划项目，并对一些受益范围广，或者地方政府无力独自负担的项目进行投资。地方政府负责对地方性项目进行管理和提供资金支持。

根据《生物多样性公约》第 20 条，发达国家缔约方有向发展中国家缔约方提供议定的额外费用的义务，发展中国家缔约方有效履行公约义务的程度取决于发达国家缔约方提供资金和技术的情况。因此公约的资金机制 GEF 成为中国履行公约的重要资金来源之一。按照 GEF 资金分配框架对中国的评分，在第四次增资期，即 2006 年 11 月至 2010 年 6 月，其对中国的赠款额达 4 700 万美元，占 GEF 在生物多样性领域总赠款额（9.78 亿美元）的 4.8%。

1992—2008 年，中国共接受 GEF 针对生物多样性领域的赠款 9 700 万美元。GEF 的赠款还带动大量的联合融资，包括 GEF 执行机构、中央和地方政府的预算拨款、双边和区域援助、排污费、海洋废物倾倒费、海域使用金等行政收费和国家重点生态公益林补助资金等。截至 2008 年，联合融资带来的投资金额大约占到总投资额的 89%。从时间进程上看，在保护生物多样性领域，GEF 提供给中国的资金并没有明显增加的趋势。但 GEF

带动的联合融资近年来增长迅速，特别是"十一五"期间，联合融资量比上一个五年增长了近 6 亿美元，联合融资占总投入资金量的比例达到 93.8%（图 5-7）。

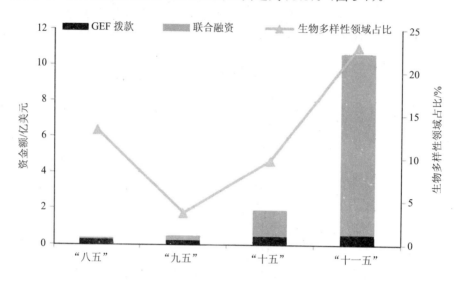

图 5-7 中国生物多样性领域 GEF 拨款及联合融资情况
资料来源：GEF 数据库

中国政府为应对生物多样性丧失问题，在生物多样性保护方面也投入了巨额资金。2004 年起，国家用于自然保护区基本建设的专项资金增加到约 5 000 万元，国家财政每年投入约 20 亿元用于森林生态效益补偿基金。到 2004 年年底，国家在退耕还林方面累计投入的资金达 700 多亿元、退耕还草工程建设累计投入达 70 亿元，全国野生动植物保护和自然保护区建设工程投入基本建设资金近 8 亿元。国家"973"计划、"863"计划、科技攻关计划、国家自然科学基金也投入大量资金用于生物多样性保护研究。综上所述，1992—2004 年，中国在生物多样性保护方面投入的资金已超过 1 370 亿元。近年来，中国政府继续加大在生物多样性领域的投资，2006—2010 年 GEF 联合融资的来源主要为中国政府的投资，而政府加大投入也是 GEF 联合融资比例近年大幅上升的重要原因。

（2）中国生物多样性项目实施情况

中国在国际资金的支持下实施了一系列保护生物多样性的项目。这些项目主要包括两种类型：一种是研究和能力建设项目，包括战略和行动计划的制定，国家报告和各类研究报告的编写和能力建设类项目等；另一种是保护生物多样性的实施项目，如自然保护区建设等。表 5-6 总结了 1991 年至 2013 年 6 月，中国在 GEF 和各种双边机构的资助下所实施的保护生物多样性项目，其中包括国家项目 39 个，地区及全球性项目 7 个。

除了接受国际资金援助外，中国政府在生物多样性保护领域也投入了大量资金。特别是在加入《生物多样性公约》后，中国各级政府加大了生物多样性保护的力度，建设了各类保护区，并实施了许多保护动植物生物多样性的国家及地方项目，从而加强了对各种类型生态系统的保护，以及对生物多样性特别是濒危物种的就地和移地保护。

表 5-6 生物多样性领域赠款项目情况

年份	项目名称	资金来源和资金额	联合融资
1991	中国生物多样性保护行动计划	GEF 168 万美元	0
	中国生物多样性保护国家方案	GEF 40 万美元	0
1996	中国自然保护区管理	GEF 1 790 万美元	570 万美元
	中国生物多样性数据管理与信息网络化能力建设	GEF 29 万美元	0
	湿地生物多样性保护和可持续利用	GEF 1 168.9 万美元	2 302.4 万美元
1997	中国履行《生物多样性公约》第一次国家报告	GEF 6 万美元	0
	中国生物安全国家能力建设	GEF 26.4 万美元	—
2000	阿尔金山罗布泊自然保护区生物多样性保护	GEF 72.5 万美元	75.7 万美元
2001	中国国家生物安全框架	GEF 26 万美元	—
2002	中国国家生物多样性信息交换所机制能力建设及第二次国家报告准备	GEF 39 万美元	5 万美元
	中国国家生物安全框架实施支持项目	GEF 114.34 万美元	26.9 万美元
2003	滇池淡水生态系统恢复项目	GEF 99.8 万美元	86 万美元
2004	UNDP/GEF 全球环境管理国家能力需求自评估	GEF 20 万美元	—
	中德森林与可持续发展整体项目	德国 511 万欧元	—
2005	洞庭湖生物多样性管理	挪威 70.42 万欧元	—
	三江源湿地保护项目	GEF 1 214 万美元	4 224 万美元
	中国南部沿海地区生物多样性管理	GEF 319.5 万美元	4 341 万美元
2006	中国—欧盟生物多样性项目	欧盟 3 531 万欧元	—
	广西森林整体发展和生物多样性保护项目	GEF 525 万美元	19 933 万美元
2007	云南高地生态系统生物多样性保护多部门和地方参与合作项目	GEF 87 万美元	0
	农作物野生亲缘种保护和可持续利用	GEF 785 万美元	1 284.2 万美元
	淮河源头流域生物多样性保护和可持续利用	GEF 272.7 万美元	1 035.5 万美元
	山西省秦岭山区生态整体发展	GEF 427 万美元	12 620 万美元
2008	森林可持续发展项目	GEF 1 635 万美元	4 615 万美元
	宁夏生态和农业整体发展项目	GEF 500 万美元	2 107.3 万美元
	四川汶川地震区生物多样性保护应急对策	GEF 90.9 万美元	192.6 万美元
	白洋淀生态及水资源管理	GEF 297.5 万美元	27 611.6 万美元
2009	加强甘肃生物多样性资源储备	GEF 173.8 万美元	728 万美元
	加强青海生态保护区系统有效性	GEF 535.5 万美元	1 850 万美元
2010	江苏盐城市湿地生态系统保护	GEF 250 万美元	10 000 万美元
	河口生物多样性保护、恢复和保护区网络建设	GEF 363.6 万美元	1 186.4 万美元
	中国洞庭湖保护区生物多样性保护和可持续利用	GEF295 万美元	620.5 万美元

年份	项目名称	资金来源和资金额	联合融资
2011	黄山市生物多样性保护和可持续利用	GEF 260.7 万美元	1 050 万美元
	加强全球性湿地保护区生物多样性保护	GEF 265.5 万美元	1 680 万美元
	加强阿尔泰山脉和湿地保护区管理有效性	GEF354.5 万美元	2 200 万美元
	加强湿地保护区生态子系统对生物多样性有效性	GEF 87.45 万美元	89.25 万美元
	主要河流湿地生物多样性保护	GEF 3.3 万美元	—
2012	中国东北野生动物景观保护	GEF 300 万美元	1 500 万美元
	加强海南湿地保护区生态子系统对生物多样性有效性	GEF 263.5 万美元	1 800 万美元
	湖北神农架地区生物多样性保护和可持续利用	GEF 265.8 万美元	1 500 万美元
	加强大兴安岭生态保护区有效性	GEF 354.5 万美元	2 450 万美元
	加强湖北湿地保护区体系管理有效性	GEF 265.5 万美元	1 816 万美元
	加强安徽湿地保护区体系管理有效性	GEF 265.8 万美元	1 815 万美元
	第五次国家生物多样性战略与行动计划	GEF 22 万美元	34 万美元
2013	赤水河流域分水岭生物多样性保护	GEF 190.9 万美元	1 600 万美元

资料来源：GEF 项目数据库，http://www.thegef.org/gef/。

在各种国际和国内资金渠道的支持下，中国在生物多样性领域进展明显，特别是在自然保护区的建设方面。截至 2011 年年底，我国自然保护区已达 2 640 处，总面积 1.50 亿 hm^2（图 5-8），占国土面积的 15.60%，超过世界平均水平。其中国家级自然保护区 335 个，初步形成了类型比较齐全、布局比较合理、功能比较完整的自然保护区网络。中国自然保护区在国际上的影响也日益扩大，全国已有 28 处自然保护区加入"世界人与生物圈保护区网络"；30 处自然保护区被列入"国际重要湿地名录"；20 处自然保护区被列为世界自然遗产地。

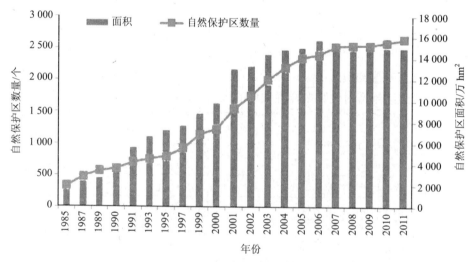

图 5-8　中国自然保护区发展情况

（3）中国在生物多样性领域的资金供需情况

根据 2001 年启动的《全国野生动植物保护及自然保护区工程建设规划》规定，截至 2010 年，全国自然保护区总数约达到 1 800 个，自然保护区面积占国土面积的比例达到 16.14%；到 2030 年，全国自然保护区数量将达到 2 000 个，占国土面积的 16.8%，使 60% 的国家重点保护野生动植物种群得到恢复和增加；到 2050 年，全国自然保护区数量将达到 2 500 个，占国土面积的 18%，使 85% 的国家重点保护野生动植物种群得到恢复和增加。目前中国的自然保护区数量已达到了规划中 2010 年的数量目标，但保护区面积尚未达到目标要求，而且在质量和管理水平上仍存在一些问题。中国履行《生物多样性公约》第三次国家报告指出，中国在此领域仍存在保护机构不健全、法规不完善、保护与可持续发展能力不足等问题。虽然自然保护区的数量和面积增长较快，但其管理水平亟待提高。

根据《中国生物多样性国情研究报告》，截至 2010 年，中国在保护生物多样性领域需要的年均投入约为 11 亿美元，因履行《生物多样性公约》每年需新增额外成本约 8 亿美元。按照这一额度，在生物多样性领域，GEF 提供给中国的资金远远不足以支付中国履约所需的议定增加成本。截至 2013 年 6 月，GEF 向中国提供的赠款总额仅 15.8 亿美元，资金缺口非常大。近年来 GEF 带动联合融资的能力迅速提高，"十一五"期间 GEF 在生物多样性领域对中国的赠款和其带动的联合融资总和达到 10.63 亿美元，其中包括赠款 0.54 亿元和联合融资 10.09 亿元，即每 1 美元的 GEF 赠款平均可带动的联合融资约 19 美元。从表面上看，这为中国应对生物多样性丧失问题带来了大量资金，但实际上近年 GEF 的联合融资主要是由政府投入组成的。因此，目前中国在生物多样性领域的相关活动仍然主要是依靠政府的投入来进行。

造成发达国家缔约方提供资金不积极的原因主要有以下三个：第一，保护生物多样性的项目一般都有较长的项目周期，很难在短期内见到成效。这与 GEF 的成本效益原则相矛盾，也是很多发达国家缔约方顾虑的原因。GEF 往往会在一个项目开始实施时提供一笔启动资金，但很难在项目运作的后期继续提供长期资金。因此，受援国政府有必要从其他渠道进行融资以弥补这部分缺口。第二，保护生物多样性的领域过于宽泛，目标过多，各方利益难以协调一致。第三，全球范围内的生物多样性惠益共享体系还有待进一步完善，这种资源的惠益贡献会促使发达缔约方提高资金供给的积极性。

从目前中国获得履约资金的渠道来看，在今后的履约进程中，政府投入仍将是非常重要的一部分。应继续维持对生物多样性领域的大力投入，同时，也要积极开拓国际资金来源，一定程度上减轻政府负担。GEF 赠款将是国际资金的重要来源，并将继续起到带动联合融资的作用。另外，可以发展双边和区域合作关系，在生物多样性资源惠益共享的基础上，争取更多的履约资金。

5.3.3　中国在气候变化领域的投融资现状

（1）现有投融资渠道

气候变化问题具有很强的公共性，一个国家排放的温室气体将对全球各地产生同等的负面影响。发展中国家的国情需要以及能力不足，尚无法承担公约义务。同时考虑到目前的气候变化现象主要是发达国家在工业化过程中排放大量温室气体造成的，并且其拥有大量资金和重要技术，因此发达国家有责任和能力对发展中国家应对气候变化的活动进行支持。《联合国气候变化框架公约》第 4 条第 7 款中明确指出，"发展中国家缔约方能在多大程度上有效履行其在本公约下的承诺，将取决于发达国家缔约方对其在本公约下所承担的有关资金和技术转让的承诺的有效履行，并将充分考虑到经济和社会发展及消除贫困是发展中国家缔约方的首要和压倒一切的优先事项"。作为公约的资金机制，GEF 将为中国履行公约提供重要资金来源。另外，发达国家也通过其他一些双边和多边渠道为中国提供赠款或贷款。

截至 2013 年 6 月，中国共接受 GEF 针对气候变化领域的赠款 67.57 亿美元，其中包括 GEF 拨款 5.92 亿美元（图 5-9）。同时 GEF 赠款也带动了大量的联合融资。联合融资的来源主要包括一些双边和区域机构的赠款、国际金融机构的赠款或贷款，以及我国政府的相关投入。联合融资带来的投资大约占总投资额的 90%。

按照 GEF 资金分配框架在气候变化领域对中国的评分，在第四次增资期，即 2006 年 11 月至 2010 年 6 月，其对中国的赠款额可达 1.54 亿美元，占 GEF 在气候变化领域总赠款额（9.77 亿美元）的 15.8%。中国是 GEF 在这一领域获得赠款额最多的国家。

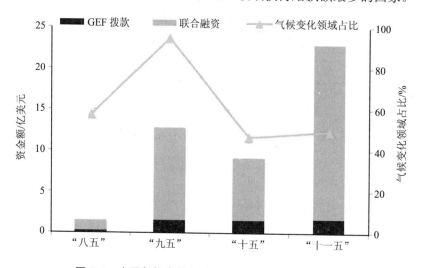

图 5-9　中国气候变化领域 GEF 拨款及联合融资情况

除了国际上的资金援助，中国各级政府也有责任投入资金开展履约活动。实际上，政府投入在 GEF 所带动的联合融资中占有很大比例。"十一五"期间，在节能领域，政府利用国债和中央预算内投资支持节能重点项目数百个。在可再生能源领域，建立了可再生能源发展专项基金，支持资源评价与调查、技术研发、试点示范工程建设和农村可再生能源开发利用。在科技工作方面，我国政府不断加大资金投入，建立了相对稳定的政府资金渠道，并多渠道筹措资金，吸引社会资金投入气候变化的科技研发领域。在"十五"期间，我国通过攻关计划、"863"计划和"973"计划等国家科技计划投入应对气候变化科技经费逾 25 亿元。"十一五"期间，国家安排节能减排和气候变化科技经费超过 100 亿元，通过节能降耗减少二氧化碳排放 14.6 亿 t。此外，还通过其他渠道投入大量资金用于气候变化的科技研发，加快实施重点节能减排工程。2011 年，我国政府发布了《"十二五"控制温室气体排放工作方案》，将"十二五"碳强度下降目标分解落实到各省（自治区、直辖市），并提出优化产业结构和能源结构，大力开展节能降耗，努力增加碳汇。

为了应对气候变化问题，2007 年 11 月，由国务院批准建立的中国清洁发展机制基金正式启动。中国清洁发展机制基金的宗旨是在国家可持续发展战略的指导下，支持和促进国家应对气候变化的行动。基金的主管部门是财政部，组织机构由基金审核理事会和基金管理中心组成。基金审核理事会是基金事务的跨部门议事协调机构，由国家发展和改革委员会、财政部、外交部、科学技术部、农业部、环境保护部和中国气象局组成。基金管理中心是基金的法定管理机构，负责基金的收取、筹集、管理和使用。关于基金的资金机制，我们将在后文中进行详细介绍。

（2）中国应对气候变化项目实施情况

中国在气候变化领域的工作成效显著。2009 年 11 月，国务院常务会议公布了中国的碳减排目标——到 2020 年，单位国内生产总值二氧化碳排放比 2005 年下降 40%～45%，作为约束性指标纳入国民经济和社会发展中长期规划，并制定相应的统计、监测和考核办法。自应对气候变化的工作全面开展以来，通过产业结构和能源结构的调整以及一系列节能措施的实施，中国在提高能源利用效率方面有很大进展。中国万元产值能耗（以标煤计）由 1991 年的 4.76 t 下降到 2011 年的 0.74 t，能源使用效率大大提高。另外，在科学研究、公众宣传和能力建设等方面，中国也有明显进展。

在国际合作领域，中国积极开展各种合作项目，积极争取国际援助资金，并在实施项目过程中提高了科技和管理能力。从 1991 年开始中国就启动实施了由 GEF、双边机构等国际机构赠款或贷款的项目，其中包括国家项目 48 个，地区及全球性项目 8 个，项目具体情况见表 5-7。

表 5-7　气候变化领域中国的国际赠款或贷款项目情况

年份	项目	资金来源和资金额	联合融资
1992	中国温室气体排放控制问题与政策	GEF 200 万美元	9.2 万美元
	煤层甲烷开发	GEF 1 000 万美元	9 845 万美元
1994	四川天然气开发	GEF 1 000 万美元	11 270 万美元
1996	促进城市垃圾甲烷回收利用	GEF 528.5 万美元	1 428 万美元
	高效工业锅炉	GEF 3 281.2 万美元	6 856.5 万美元
	乡镇企业节能及污染控制（一期）	GEF 100 万美元	0
1997	能源效率项目	GEF 2 200 万美元	18 000 万美元，包括国际复兴开发银行 6 500 万美元贷款；欧盟 400 万欧元赠款
1998	可再生能源迅速商业化能力建设	GEF 882.7 万美元	1 884 万美元
	高效无氟冰箱商业推广障碍消除项目	GEF 961.7 万美元	3 129 万美元
	可再生能源投资项目	GEF 3 573 万美元	37 227 万美元 包括国际复兴开发银行 6 500 万美元贷款；双边渠道 500 万美元
	乡镇企业节能及污染控制（二期）	GEF 800 万美元	1 055 万美元
	第二期北京环境项目	GEF 2 500 万美元	43 700 万美元

年份	项目	资金来源和资金额	联合融资
2001	促进可再生能源、能源有效性及温室气体减排项目	亚洲开发银行利用荷兰提供的18万美元赠款	——
	中国准备国家初始信息通报项目	GEF 360 万美元	24 万美元
	高效照明设备和系统障碍消除项目	GEF 813.6 万美元	1 806.5 万美元
	农村卫生所太阳能供暖项目	GEF 75 万美元	80.9 万美元
2002	气候变化研究项目	GEF 172 万美元	169 万美元
	中国燃料电池公交车商业推广示范项目（第一部分第二期）	GEF 581.5 万美元	1 011.5 万美元
	能源效率项目（二期）	GEF 2 600 万美元	25 520 万美元
	农业垃圾有效利用	GEF 640 万美元	7 090 万美元
2005	可再生能源推广项目	GEF 4 022 万美元	12 958 万美元
	终端能效项目	GEF 1 700 万美元	6 300 万美元
	供热改革和建筑能效项目	GEF 1 800 万美元	8 100 万美元
2006	节能减排融资项目	GEF 1 650 万美元	13 040 万美元
2007	中国燃料电池公交车商业推广示范项目（第二期）	GEF 576.7 万美元	1 285.8 万美元
	节能砖和农村建筑市场改革	GEF 700 万美元	2 800 万美元
2008	能源效率融资项目	GEF 1 350 万美元	58 315 万美元
	GEF/世行/中国城市交通合作项目	GEF 2 100 万美元	58 575 万美元
	水资源管理和农村发展气候变化适应项目	GEF 500 万美元	5 000 万美元
	第二次国情报告准备项目	GEF 500 万美元	65 万美元
	北京奥运会清洁电动公交车推动项目	GEF 100 万美元	1 230 万美元
	推动高能效室内空调	GEF 626.4 万美元	1 903 万美元
2009	热能效率项目	GEF 1 970 万美元	14 380 万美元
	淘汰白炽灯和节能灯推动项目	GEF 1 400 万美元	7 000 万美元
	分省节能推广项目	GEF 1 338.6 万美元	31 370 万美元
	集成可再生生物质能源开发项目	GEF 920 万美元	17 559 万美元
	中新天津生态城项目	GEF616.4 万美元	2 453.5 万美元
	中国工业能源效率提升项目	GEF 400 万美元	2 011 万美元
	绿色卡车示范项目	GEF 420 万美元	1 740 万美元
2010	城市生态交通试点模型开发项目	GEF 480 万美元	2 025 万美元
	气候变化技术需求评估	GEF 500 万美元	80 万美元
2011	中国上海绿色能源低碳城市计划	GEF 434.5 万美元	24 723 万美元
	中国可再生能源推广建设二期项目	GEF 2 728 万美元	44 410 万美元
	GEF 大城市拥堵和碳减排项目	GEF 1 818 万美元	8 833 万美元
	河北能源效率提升与碳减排项目	GEF 363.6 万美元	18 900 万美元
	亚洲可持续交通与城市发展项目	GEF 759.2 万美元	66 070 万美元
2012	城市规模建筑节能和可再生能源项目	GEF 1 200 万美元	13 859 万美元
	工业加热系统和高能耗设备能效提高	GEF 537.5 万美元	4 050 万美元
	中国第三世界交流和联合国气候变化框架公约二次报告	GEF 728 万美元	90 万美元
	全球倡议燃料的区域实践	GEF 171.4 万美元	1 346 万美元
	中国能源效率测量和验证系统	GEF 1 780 万美元	10 400 万美元
2013	主要作物生产中的节约能源、温室气体减排和土壤碳固化	GEF 5 100 万美元	2 500 万美元

资料来源：GEF 项目数据库，http://www.thegef.org/gef/。

《京都议定书》生效后，中国也开始积极开展 CDM 项目的申请和实施。截至 2012 年 8 月底，中国共批准了 4 540 个清洁发展机制项目，预计年减排量（以二氧化碳当量计）近 7.3 亿 t，主要集中在新能源和可再生能源、节能和提高能效、甲烷回收利用等方面。其中，已有近 2 364 个 CDM 合作项目在联合国注册，已注册项目预计年减排量约 4.2 亿 t，占全球注册项目年减排量的 54.54%，项目数量和年减排量都居世界第一。注册项目中已有 880 个项目获得签发，总签发量累计 5.9 亿 t，为《京都议定书》的实施提供了支持。

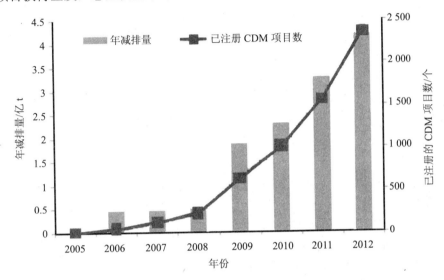

图 5-10　中国已注册的 CDM 项目数量和估计年减排量

（3）中国在气候变化领域的资金供需情况

2008 年，中国首次发布《中国应对气候变化的政策与行动》，明确中国应对气候变化的战略分为减缓气候变化和适应气候变化两个方面。在减缓活动方面，中国将继续推进经济和能源结构的调整，积极实施节能项目，推广低排放农业栽培技术，并继续植树造林等增加碳汇的活动。在适应活动方面，将继续完善灾害预警机制，加强农业抗灾技术，加强生态功能区建设等措施。同时，将进一步加强气候变化领域的科研和公众宣传。

在气候变化领域，我国还没有对以上所有活动所需资金做过系统的估算。根据《联合国气候变化框架公约》秘书处的分析，在 2006—2030 年，全球应对气候变化每年所需资金为全球 GDP 的 0.3%～0.5%，或占全球投资的 1.1%～1.7%。如果按照这个比例来计算，中国 2013 年的 GDP 大约为 9.4 万亿美元，那么中国应对气候变化每年所需的资金量将大约为 376 亿美元，数额相当巨大。

就目前筹集资金的情况来看，我国应对气候变化问题的资金量严重不足。截至 2013 年 6 月，GEF 向中国提供应对气候变化的赠款及其带动的联合融资总额约为 67 亿美元。然而，如果按照公约秘书处的测算，中国应对气候变化每年所需的资金可能将达到 376 亿美元，可以看出 GEF 为中国应对气候变化提供资金的功能十分有限。

目前我国政府对气候变化领域的投入占到了很大的比重，但基于资金量严重不足的现状，政府投入还需要进一步加强，尤其是对一些与国家社会经济发展目标相一致的领域，如节能和能源、产业结构调整等。

5.3.4　中国在持久性有机污染物领域的投融资现状

（1）现有投融资渠道

《斯德哥尔摩公约》第 13 条第 4 款明确指出，发展中国家缔约方履约的程度将取决于发达国家缔约方资金资源、技术援助和技术转让的有效履行。因此，公约的资金机制 GEF 有责任为中国履约提供资金支持。1991—2013 年 6 月，中国共接受 GEF 针对持久性有机污染物领域的赠款 1.24 亿美元。在持久性有机污染物领域，GEF 赠款带动联合融资的情况也较为良好，但相比于生物多样性和气候变化领域，其杠杆作用不太明显。截至 2013 年 6 月，联合融资带来的投资金额大约占到总投资额的 70%。

从目前已经实施的赠款项目来看，相比于其他全球环境问题项目，持久性有机污染物领域能够吸引相对较多的双边赠款。目前与中国签订过合作项目的双边合作伙伴有加拿大、美国、日本和意大利。发达国家选择这种双边的合作模式，大多是基于对资金利用效率的考虑。相比于对 GEF 缴款，直接进行双边合作项目可以使发达国家获得自主选择资金去向的权利。这一点对发达国家有较大的吸引力，它们可以选择对本国最有利的领域进行投资。

除了国际资金外，中国应对持久性有机污染物问题的投融资渠道还包括中央和地方政府的投资，以及企业和社会资金。

（2）中国持久性有机污染物领域项目实施情况

我国在持久性有机污染物领域的大部分工作还处于起步阶段。2004 年，我国正式加入《斯德哥尔摩公约》，随后在 2007 年完成了中国履行《关于持久性有机污染物的斯德哥尔摩公约》的国家实施计划，计划系统阐述了中国在持久性有机污染物领域的问题现状、战略、行动计划以及实施措施等。为落实《国家实施计划》要求，2009 年 4 月 16 日，环保部会同国家发改委等 10 个相关管理部门联合发布公告（2009 年 23 号），决定自 2009 年 5 月 17 日起，禁止在中国境内生产、流通、使用和进出口滴滴涕、氯丹、灭蚁灵及六氯苯（滴滴涕用于可接受用途除外），兑现了中国关于 2009 年 5 月停止特定豁免用途、全面淘汰杀虫剂 POPs 的履约承诺，实现了中国履行《斯德哥尔摩公约》的阶段性目标。

在应对持久性有机污染物问题时，我国积极申请 GEF 赠款项目，并广泛开展双边合作，充分利用国际资金。截至 2013 年 6 月，在持久性有机污染物领域我国接受 GEF 赠款的项目共有 15 个，并且接受了很多双边援助的赠款，开展与淘汰持久性有机污染物相关的活动。这些项目的具体情况见表 5-8。

（3）中国在持久性有机污染物的资金供需分析

根据《国家实施计划》的估算，在实施计划的近期和中期（2006—2015）目标时，资金需求领域包括以下领域的费用和增量成本：淘汰杀虫剂类 POPs 的生产、替代杀虫剂类 POPs、淘汰在线使用含 PCBs 的电力装置、采用 BAT/BEP 控制无意产生的 POPs 排放、废弃和污染场所的调查和处置、管理能力建设、监测能力建设、替代技术能力建设、数据采集和报告、废物和污染场地处置能力建设的技术援助。这些活动的费用需求估算见表 5-9。

表 5-8　持久性有机污染物领域赠款项目情况

年份	项目	资金来源和资金额	联合融资
2001	POPs 国际研讨会	加拿大 4.61 万美元	—
	中国杀虫剂类 POPs 削减和淘汰战略规划	意大利 165 万美元	—
	国家实施方案前期评估 PDF-B	GEF 35 万美元	
2003	中国 PCB 清单方法学和削减处置初步战略开发项目	意大利	
	副产品减排最佳可行技术（BAT）和最佳环境实践（BEP）示范项目	意大利	
	持久性有机污染物暴露影响评估和管理能力加强项目	加拿大	—
	履行斯德哥尔摩公约的能力建设及国家实施方案编制前期准备项目	GEF 440.6 万美元	669.9 万美元
2004	针对 POPs 和其他有毒物质（PTS）的合作协议	美国 200 万美元	—
	中日合作近期优先领域 POPs 监测能力建设	日本 2.6 亿日元	—
2005	中国白蚁控制剂氯丹灭蚁灵淘汰示范项目	GEF 1 464.1 万美元	1 368.5 万美元
	中国多氯联苯（PCB）管理处置示范项目	GEF 1 863.6 万美元	意大利、日本、美国双边赠款共 200 万美元 国内配套 1 060 万美元
2006	中国医疗废物可持续管理项目	GEF 1 200 万美元	3 307.7 万美元
	替代 DDT 防治漆示范项目	GEF 1 190.5 万美元	1 225 万美元
2008	四川省汶川地震化学污染迅速评估项目	GEF 110 万美元	50 万美元
	中国含滴滴涕三氯杀螨醇生产控制及螨害 IPM 防治技术应用全额示范项目	GEF 629.5 万美元	1 165 万美元
2009	中国废弃杀虫剂类 POPs 和其他 POPs 废物环境无害化管理和处置全额项目	GEF 1 019 万美元	3 186.9 万美元
	中国非木浆造纸企业最佳可行技术（BAT）/最佳环境实践（BEP）研究项目	加拿大 POPs 信托基金	—
	中国有效实施国家实施计划的机构、法制和能力加强	GEF 595.1 万美元	982.5 万美元
2011	中国纸浆和造纸工业二噁英减排	GEF1 500 万美元	6 000 万美元
	固体废弃物综合管理	GEF1 200 万美元	4 800.4 万美元
2012	减少汞排放和锌冶炼操作声化学管理	GEF 99 万美元	400 万美元
	电气和电子设备持久性有机污染物扩散控制	GEF1 165 万美元	4 700 万美元
	汞储存试点项目	GEF100 万美元	314.6 万美元

资料来源：GEF 项目数据库，http://www.thegef.org/gef/。

表 5-9 2006—2015 年持久性有机污染物淘汰费用和增量成本需求（2006 年价）　　单位：万元

行动	总费用	增量成本	基线成本
加强机构能力和政策法律建设 减少或消除源自有意生产和使用排放的措施	37 555.0	11 266.5	26 288.5
减少或消除有意生产和使用的杀虫剂类 POPs 的行动（公约附件 A 第一部分化学品）	46 379.8	19 479.5	26 900.2
识别、清除和环境无害化管理在用含 PCBs 电力装置的行动	10 314.0	3 094.2	7 219.8
消除、限制滴滴涕的生产、使用和进出口的行动	61 617.3	25 879.2	35 738.0
特定豁免的行动	270.0	81.0	189.0
减少和消除二噁英排放的行动	2 831 221.0	1 182 038.7	1 649 182.3
减少源自 POPs 库存和废物排放的行动与措施	215 422.8	90 470.1	124 952.7
查明 POPs 库存、在用物品和废物的战略	13 950.0	5 859.0	8 091.0
妥善管理库存 POPs 和处置含 POPs 在用物品的行动与措施	6 975.0	2 929.5	4 045.5
POPs 污染场地的识别和环境无害化管理战略	180.0	75.6	104.4
促进有关各方信息交流	1 170.0	351.0	819.0
公众宣传、认识和教育	3 040.0	912.0	2 128.0
成效评估行动	200.0	60.0	140.0
报告	270.0	81.0	189.0
监测、研究和开发	16 1740.4	48 522.1	113 218.2
技术和资金援助	1 005.0	301.5	703.5
合计	3 391 510.5	1 391 401.1	2 000 109.4

资料来源：中华人民共和国履行《关于持久性有机污染物的斯德哥尔摩公约》国家实施计划，2007。

因目前有关监测能力建设、处置能力建设、替代技术能力建设的资助原则不够明确，《国家实施计划》费用估算中未完全包括这些内容。根据公约资金机制要求，增量成本由 GEF 承担，基线成本由国家及相关企业承担。截至 2008 年，中国从 GEF 得到的赠款及其带动的联合融资的总和约 1 亿多美元，仅占到增量成本的 5% 左右。中国在此领域需积极开拓双边和国内的资金渠道，以补充严重不足的资金量。

5.4　中国应对全球环境问题的投融资实践与案例分析

全球环境问题的应对与解决需要全世界的共同努力，其中国际环境公约的制定与推行是应对全球环境问题的中坚力量。除此之外，国内资金同样能够做出行之有效的努力。在巨大的资金需求下，充分发挥政策性资金的引导和带动作用，调动商业银行等社会资金参与的积极性是解决全球环境问题资金问题的重要思路和途径。从各类全球环境问题的事权主体和投融资特点来看，应对气候变化、碳减排项目的社会资本参与性要高于其他类型的项目。因此，目前国内资金与金融机构的实践往往与节能项目相联系，如一些节约能源、减少化石燃料燃烧的项目，能够有效控制温室气体的排放，从而间接地为气候变化等全球环境问题提供帮助。

5.4.1 中国节能减排融资项目（CHUEE 项目）

目前我国环境领域项目所需投资大多依靠商业银行贷款这一融资渠道。然而，商业银行贷款存在利率高、难以适应环境领域项目收益低的特点。此外，我国商业银行缺乏在环境领域可持续融资方面的经验，更趋于回避风险，因此无形中增大了环境项目融资的难度。

2004 年 1 月，财政部向国际金融公司（简称 IFC）提出要求，希望针对国内工商企业及事业单位提高能源效率、利用洁净能源，及开发可再生能源项目设计一种新型融资模式。国际金融公司在其"可持续商业创新"项目下，设计了与商业银行合作采用新风险管理方法的中国节能减排融资项目（China Utility-Based Energy Efficiency Finance Program，简称 CHUEE 项目），并与公用事业公司和其他市场主体等建立合作关系，推广和促进节能减排项目的开展。

5.4.1.1 CHUEE 项目运作模式

在 CHUEE 项目中，国际金融公司为合作金融机构提供风险担保。一旦发生贷款本金损失，国际金融公司和合作金融机构将按约定比例进行分担。例如，国际金融公司与兴业银行的二期贷款协议中，贷款组合不良率在 10% 以内，国际金融公司承担损失的 75%；不良率超过 10% 的部分，国际金融公司承担损失的 40%（图 5-11）。通过这种市场化的运作方式，国际金融公司的资金和技术援助作用得以成倍放大，最大程度、最高效率地推动节能项目发展。

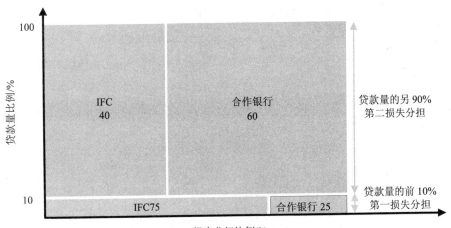

图 5-11 CHUEE 贷款损失分担比例约定

CHUEE 项目贷款主要针对中国境内在建筑、工业流程和其他能源最终应用方面显著改善能源生产、消费等环节效率的项目或商品、服务投资以及可再生能源项目，贷款相关要求见表 5-10。

表 5-10　CHUEE 项目贷款相关要求要素

要素	相关要求
贷款范畴	➤ 在能源效率管理领域（如高效建筑，建筑材料，钢铁、化工、交通运输部门的低耗能设施，能源储存与转化等），以更新设备、优化设计、能源回收利用等方式为手段，以节省煤、石油、天然气等一次性能源和电力，蒸汽等二次能源为目的的能源节约项目。 ➤ 在新能源领域的资源开发利用项目（如风能、太阳能、沼气、生物质能、水源/地源热泵等）
重点领域	燃煤锅炉改造、热电联产、电机节能、余热利用、建筑节能
选择标准	技术成熟、数量众多、复制潜力大、节能效果明显，并且有着良好的经济可行性
贷款规模	由合作银行规定，单笔 CHUEE 贷款上限为 1 600 万元人民币，可加入贷款组合的单笔贷款上限为 4 000 万元人民币
贷款期限	应与项目投资回收期相应，最长不超过 5 年
借款人必须具备的基本条件	➤ 在中华人民共和国境内依法注册成立的企事业法人； ➤ 在参与国际金融公司能效项目的合作伙伴银行开立结算账户； ➤ 内部管理规范、财务状况正常、无不良信用记录，及具有一定的清偿能力； ➤ 未曾被税务、工商、海关、外汇管理局等国家机关以任何形式列入风险关注企业名单；法定代表人、企业拥有人、控股股东（自然人）和董事均无犯罪记录； ➤ 最近两年盈利或保持收支平衡（新成立的借款人不受此款限制），有稳定的现金流； ➤ 投入能效项目的自有资金不少于项目总成本的 20%
借款人不得从事的活动	➤ 涉及有害或剥削性的强制劳动或有害童工的生产活动或其他活动； ➤ 生产、经营或参与根据所在国法律法规或国际公约或协定视为违法的产品或活动； ➤ 生产或经营武器弹药； ➤ 生产或经营酒精饮料（不包括啤酒和葡萄酒）； ➤ 生产或经营烟草； ➤ 赌博、赌场和类似企业； ➤ 交易受 CITES 管辖的野生动物或野生动物产品； ➤ 生产或交易放射性物质； ➤ 生产或交易或使用非黏合石棉绒； ➤ 商业性的伐木经营或购买主要用于热带雨林地区的伐木设备（为森林政策禁止的）； ➤ 生产或经营包含 PCBs 的产品； ➤ 生产或经营国际上淘汰或禁止的药品； ➤ 生产或经营国际上淘汰或禁止的杀虫剂/除草剂； ➤ 生产或经营国际上淘汰的消耗臭氧层物质； ➤ 使用长度超过 2.5 km 的渔网在海洋环境下进行留网捕鱼
能效项目借款人应提交的材料	➤ 借款申请书； ➤ 经年检的营业执照复印件和组织机构代码证书复印件； ➤ 法定代表人或其授权代表的有效身份证明文件； ➤ 贷款卡复印件、公司章程及验资报告； ➤ 法定代表人、控股股东（自然人）和董事无犯罪记录的声明与保证及其未被国家机关列入风险关注企业名单的声明； ➤ 借款时和贷款存续期间借款人未从事排除活动的声明，贷款项目符合我国环境、健康、安全和社会保障法律法规的声明； ➤ 最近一期的完税证明和最近两年经审计的年度财务报表（对企业法人而言）和近期财务报表或财务收支表（对事业法人而言）； ➤ 项目可行性研究报告和拟购买设备清单及节能测算； ➤ 项目投资计划书（包括资金来源的说明）； ➤ 参与国际金融公司能效项目的合作伙伴银行认为需要提供的其他材料（例如：业务合同、工程总承包合同、固定资产购置合同和结算清单等）

　　CHUEE 贷款申请流程为：有融资需求的能效项目、可再生能源及减排项目的开发商可直接与能源效率融资项目合作银行的总部或分支机构申请贷款，也可直接与国际金融公司 CHUEE 项目团队联系，再由国际金融公司向合作银行推荐进行贷款。贷款申请人初次与合作银行或国际金融公司联络时，必须提交项目可行性研究报告。只有经评估后的"CHUEE 合格项目"才可以获得贷款。CHUEE 合格项目是指在中国境内旨在改善建筑业、工业和其他能源最终应用方面使用效率的项目或商品和服务。其中包括但不限于以下行业及领域：余热回收利用、工业工艺改造、节电项目、工业锅炉改造、天然气改造、建筑节能、可再生能源、其他清洁发展机制涵盖的项目。

　　国际金融公司已为项目的参与各方提供了包括风险分担机制、技术援助和咨询服务等一整套的支持。CHUEE 项目通过与市场所有相关方合作达到以上设定的项目目标。图 5-12 显示了 CHUEE 项目的主要服务和活动，图 5-13 显示了环境领域合作伙伴间的合作以及现金流。

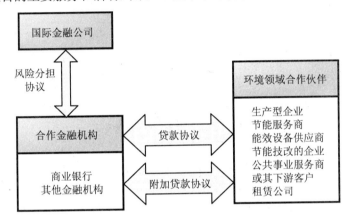

图 5-12　CHUEE 项目的主要服务和活动

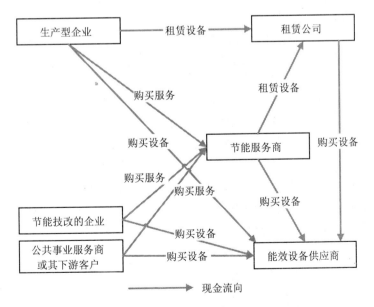

图 5-13　环境领域合作伙伴间的合作以及现金流

5.4.1.2 CHUEE 项目的合作模式

CHUEE 项目的合作伙伴如图 5-14 所示。CHUEE 项目为其合作伙伴们提供一揽子的技术援助，包括市场营销、工程技术、市场研究、项目开发和设备融资等服务。国际金融公司支持中国能效市场健康快速发展，并通过提升以下合作伙伴的能力建设，帮助能效项目获得更多融资渠道。

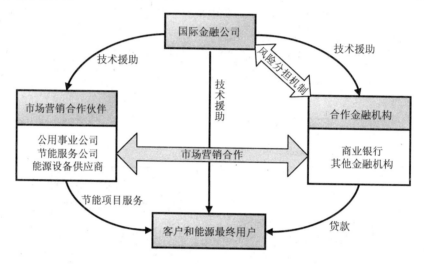

图 5-14 CHUEE 项目的合作伙伴

商业银行：国际金融公司为商业银行提供风险分担，即对于加入能效融资贷款组合的所有贷款，由国际金融公司承担该部分损失。国际金融公司帮助商业银行与市场主要各方建立能效融资项目的联系，协助商业银行对能效贷款项目进行考察和审核，促成其客户能效融资项目的长期可持续发展。

能源服务公司：国际金融公司及合作银行与国内优秀的能源服务公司合作，为其负责开发的项目提供融资支持和技术援助。能源服务公司为用户提供能源审计、节能项目设计、融资、采购、施工、检测、培训、后期管理等一揽子服务，最终用户向能源服务公司按合同约定支付能源服务费用。

能效设备供应商：国际金融公司帮助合作银行与能效行业的知名设备供应商建立合作关系。通过这些合作，银行能更好地推广其能效融资服务，分散相关风险并把这种融资模式复制到更多客户。

公用事业公司：国际金融公司与部分公用事业公司（燃气公司、电力公司、热能公司等）建立了合作关系。公用事业公司将在其服务地域内为客户开发能效项目、提供能效产品，与服务供应商共同实施能效项目，与金融机构合作提供能效项目融资等"一站式"服务。

CHUEE 项目根据不同的合作伙伴，开发出不同的合作模式（表 5-11）。

表 5-11　CHUEE 项目模式

模式	出发点	借款人	详情
企业节能技术改造项目贷款模式	针对生产型企业自身的节能技术改造的融资需求而设计	生产型节能技术改造的企业	帮助企业提高生产效率、降低次品率、减少能源消耗，以增加产量、降低成本
节能服务商或能源合同管理公司融资模式（EMC）	针对节能服务商群体（负责能效设备的选择和采购）设计	节能服务商	通过和有实力、技术先进、项目运作经验丰富的节能服务商合作，致力于发展具备可复制性的、行业性的节能技术改造，为最终用户提供包括项目融资在内的一整套的能源服务
能效设备供应商增产模式	针对能效设备供应商自身增产需求设计	能效设备供应商	对其增产改造项目中新的生产线的建造、生产设备的采购提供融资
能效设备买方信贷模式	针对节能服务设备供应商群体而设计	实施节能技术改造的企业	对其节能技术改造项目中的节能设备采购提供融资，用于购买指定供应商生产的设备
公共事业服务商模式	针对地方政府推广清洁能源和开展公共节能项目而设计	公共事业服务商或其下游客户	通过项目融资，促进清洁能源的推广和使用，同时降低用户的能源消耗，提高能源使用效率
设备融资租赁模式	将能源效率贷款和设备租赁结合起来	租赁公司	涉及商业银行、租赁公司、设备供应商、节能技术改造企业四方

5.4.1.3　CHUEE 项目特征与实施效果评价

CHUEE 项目是一个新型的基于市场化运作的融资解决方案，以应对中国的能源和环境挑战。CHUEE 项目第一次把中国经济中的各方——商业银行、公用事业公司、能效设备供应商和能源服务公司联合起来，携手开发一个全新的可持续融资模式来推广节能减排项目在中国的开展。

（1）减轻企业融资负担

CHUEE 贷款与商业银行传统贷款相比，在利率上没有什么不同，银行有一套自己的定价系统，会根据企业的偿付能力、风险状况确定贷款的利率。一般而言，会较基准利率有所上浮。

在贷款审查上，能效贷款更多地关注和计算具体项目所产生的现金流。由于改变了传统贷款强调通过抵押和担保的方式，实际上是降低了企业贷款的成本。同时，IFC 的损失分担机制，也使得银行在贷款时能够不完全追求抵押担保。

另外，从最终结果上看，能效贷款有力配合了国家的节能减排战略部署。地方政府通过加强与银行的合作，采用贴息、奖励等方式，引导企业根据市场化原则，运用银行融资促进经济增长方式转变和节能减排目标的顺利完成。例如，深圳市贸工局与兴业银行深圳分行合作，推广节能减排项目贷款，对贷款额度不超过 1 000 万元、时间不超过两年的节能减排项目贷款给予全额贴息，帮助企业降低融资成本。

（2）延长贷款期限，灵活还款方式

CHUEE 项目也在很多方面为企业提供了诸多便利条件。例如兴业银行的"能效贷款"

突破了原有企业贷款注重担保条件、期限较短等固有模式，制定与贷款企业节能项目现金流匹配的融资方式。在融资期限上，允许向企业提供 5 年以内的中长期贷款，能够较好地解决中小企业中长期贷款难的问题；另一方面，允许适当降低担保门槛，能够较好解决企业担保难的问题；能源效率贷款还款采用分期付款的方式，根据项目实施的现金流和企业自身的经营情况来选择还款期限，能够较好解决企业还款压力问题。

浦发银行的信贷综合服务方案则通过整合外部专业机构，提供技术支持，针对绿色产业运营模式为企业量身定做。例如，根据能效项目的特点，设计各种贷款期限和多样化还款方式；浦发银行项目贷款无上限，确保项目竣工。另外，浦发银行引入国内外绿色私募股权投资，为处于成长期的绿色企业搭建股权融资平台。

（3）杠杆作用明显

"一笔贷款，多户受益"是 CHUEE 项目杠杆作用的集中体现。CHUEE 项目开展之前，部分节能项目具有很好的经济效益和环境效益，但由于规模较小，地域分散，既无法引起有关主管部门的重视，也无法使金融部门产生很大的兴趣，每个独立单位在实际操作中很难为实施节能项目融到资金。通过 CHUEE 项目的能源合同管理公司融资模式（EMC），能源管理公司可以获得贷款，通过整合分散的小型节能项目，以能源管理合同的形式规范项目的实施和节能效益分配和利用，将合同中约定的节能分享效益作为贷款的第一还款来源，从而使这些分散但具有良好效益的项目得以"批发式"地获得项目融资，使以往难以获得贷款的中小型能源最终用户在没有期初投资的情况下，可以提前享受项目所带来的收益，并且在合同期结束后，项目的所有权和效益无偿归最终用户所有。而提供贷款的银行在国际金融公司 CHUEE 团队的支持下，除考察借款主体外，注重对项目进行分析研究，对项目未来的现金流和分享到的节能效益等进行可行性和风险评估，从而做出审批决定，也具有很好的示范和启发意义。

由国际金融机构提供担保的贷款模式可以有效弥补商业银行直接贷款所面临的风险问题。这种风险共担机制有效降低了商业银行环境领域的贷款风险，加速了商业银行向环境领域进行投资的进程，增强了商业银行的贷款信心。此外，国际金融组织凭借环境领域成熟的项目评估经验能够给予商业银行选择项目时提供帮助。

5.4.1.4　模式的应用性分析

我国"十二五"规划纲要明确提出，2015 年单位 GDP 二氧化碳排放降低 17%、单位国内生产总值能耗下降 16%的约束性指标，意味着在未来几年我国将加大节约资源及清洁能源产业的建设力度，更加注重提高能源利用效率，鼓励清洁能源的使用。因此，"十二五"时期，会有更多的能效项目出现，这种能效项目风险分担机制将会获得更大的市场空间。

在 CHUEE 项目中，国际金融公司帮助商业银行进行金融产品设计和能力建设，并提供部分的损失分担，鼓励其为节能减排项目提供项目融资。CHUEE 项目首次集合了金融机构、公共事业公司和能源效率设备供应商三类主要参与者的优势，为推动能源效率活动的开展创立了一种新的融资模式，帮助我国商业银行和众多中小节能终端用户实现了长期可持续的"双赢"发展。事实上，环境领域的很多项目都与能效项目有相似的特征，因此，这一模式不仅可以应用于能效项目，也可以尝试将其应用于其他的环境项目。

5.4.2　中国清洁发展机制基金

为了应对气候变化，中国政府成立了清洁发展机制基金（简称"清洁基金"），来促进气候变化项目的实施。本节将对该基金的资金来源、基金使用方式、基金业务情况进行综合介绍。

5.4.2.1　资金来源

清洁基金的资金来源主要包括：①国家从清洁发展机制项目（CDM）收益中按规定比例取得的收入（以下简称国家收入）；②世界银行、亚洲开发银行等国际金融组织的赠款和其他合作资金；③基金管理中心开展基金业务取得的营运收入；④国内外机构、组织和个人的捐赠和其他合作资金；⑤国务院批准的其他收入来源。

依据《中国清洁发展机制基金管理办法》，清洁基金开设专用账户，向《京都议定书》下 CDM 合作项目的中国项目业主企业收取国家收入，全额纳入基金。2011 年 8 月，《中国清洁发展机制基金管理办法(修订)》规定了各类 CDM 项目中国家收入的比例(表 5-12)。

表 5-12　CDM 项目国家收入收取比例

CDM 项目类别	国家收入比例
氢氟碳化物（HFC）类项目	65%
己二酸生产过程中的氧化亚氮（N_2O）项目	30%
硝酸等生产过程中的氧化亚氮（N_2O）项目	10%
全氟碳化物（PFC）类项目	5%
其他类型项目	2%

2012 年 11 月 20 日，财政部印发了《中国清洁发展机制项目转让温室气体减排量国家收入收取办法》，进一步规范了 CDM 项目中国家收入的收取，主要内容包括：

☞　财政部负责制定国家收入收取制度并监督实施。

☞　国家收入的计算公式为：国家收入=（核证减排量 － 捐赠联合国气候变化适应基金核证减排量）×交易单价×国家收取比例。

☞　对于缓缴、少缴、不缴国家收入的，财政部和发改委将分别按照《财政违法行为处罚处分条例》和《清洁发展机制项目运行管理办法（修订）》予以处理、处罚。

5.4.2.2　资金使用方式

清洁基金的使用采取赠款、有偿使用等方式。赠款用于支持有利于加强应对气候变化能力建设和提高公共意识的相关活动。有偿使用采用股权投资、委托贷款、融资性担保等方式，支持有利于产生应对气候变化效益的产业活动。此外，还通过银行存款、购买国债、金融债和高信用等级的企业债等形式展开理财活动。

清洁基金的政策性金融工具包括：

第一，优惠贷款。基金的贷款利率比同期的商业银行贷款利率下浮15%（2011年）。

第二，直接股权投资。中国清洁发展机制基金尚处于起步阶段，直接投资业务规模有限。

第三，以"框架协议+执行协议"方式与国内商业银行合作，开展专项理财。以理财资金作为种子资金，采用"1:N"的杠杆模式，撬动更多社会资金。2010年至今，清洁基金已与浙商银行、兴业银行开展了三批清洁发展专项理财产品合作，预计可实现二氧化碳减排60余万t。此外，清洁基金已经确定由中国投资担保公司作为融资担保的合作公司，除此之外也正在考虑和一些产业基金进行合作。

5.4.2.3 项目实施情况

清洁基金以项目为业务的主要载体，配合国家主渠道，在能力建设和公众意识提高、减缓气候变化、适应气候变化、服务于基金可持续发展业务运行的金融活动四个主要领域开展基金业务活动（表5-13）。

表5-13 清洁基金的业务领域和业务规划

业务领域	业务规划
能力建设和公众意识提高	第1项业务规划：加强能力建设
	第2项业务规划：促进公众意识提高
减缓气候变化	第3项业务规划：促进能效提高和节能
	第4项业务规划：促进可再生能源的开发和利用
	第5项业务规划：促进其他具有显著应对气候变化效益的活动
适应气候变化	第6项业务规划：促进对气候变化的适应
服务于基金可持续业务运行的金融活动	第7项业务规划：基金投资业务中的金融活动

清洁基金重点开展了赠款业务和有偿使用业务。截至2012年，清洁基金已累计安排4.95亿赠款资金，其中，2012年安排赠款资金2.1亿元，2011年度赠款项目见表5-14。

表5-14 2011年度赠款项目一览表

项目类型	项目数/个	已拨付首笔赠款资金/万元
应对气候变化法律、战略和政策研究	14	1 348
支持地方编制和实施应对气候变化规划	56	3 240
推动低碳发展	19	2 140
支持国际谈判和国际合作研究	13	760
支持碳市场机制研究	8	1 684
增强适应气候变化能力	7	456
提高公众应对气候变化意识	7	652

数据来源：中国清洁发展机制基金2012年年报。

对于有偿使用业务，2012年全年，清洁基金审核通过了17个省市的47个清洁发展委托贷款项目，贷款金额28.80亿元，撬动社会资金151.26亿元，涉及基础设施、化工、能源、新材料和高新产品制造等多个与国家应对气候变化工作密切相关行业。经专业机构初步估算，碳减排量和潜能合计（以二氧化碳当量计）达千万吨。

表 5-15　清洁基金委托贷款支持的各地方项目类型、项目数和碳预算　　　　单位：万 t/a

	可再生能源		节能和提高能效		新能源装备和材料制造	
	项目数	减碳量或减碳潜能	项目数	减碳量或减碳潜能	项目数	减碳潜能
北京市			1	63.51		
天津市			1	2.58		
河北省	1	1.17	1	3.34		
山西省			6	66.82		
吉林省			1	7.73		
黑龙江省			4	15.01		
江苏省			2	100.60	2	48.36
浙江省	1	0.94	1	0.91		
安徽省	1	0.88	1	0.76	2	361.40
福建省					1	593.83
江西省	2	11.84	3	23.79		
山东省	1	1.42			1	3.34
河南省	3	89.51	1	4.25		
湖北省			1	7.48	1	3.89
重庆市			1	0.67	1	131.38
陕西省			4	65.18		
甘肃省	1	9.74	1	4.35		
合计	10	115.50	29	366.98	8	1 142.20

注：此表为 2012 年当年项目统计；
数据来源：中国清洁发展机制基金 2012 年年报。

参考文献

[1]　UNEP，Global Environmental Outlook 4 [R]，2007.

[2]　UNEP，UNEP 2008 Annual Report [R]，2008.

[3]　UNEP，UNEP 2011 Annual Report [R]，2011.

[4]　UNEP，UNEP 2012 Annual Report [R]，2012.

[5]　UNEP，UNEP 2013 Annual Report [R]，2013.

[6]　全球环境问题：责任与协作[EB/OL]. 中国环境与发展国际合作委员会，2009. http://www.china.com.cn/tech/zhuanti/wyh/2008-02/14/content_9799627.htm.

[7]　国家环保总局国际合作司，国际环境公约选辑[M]. 北京：中国环境科学出版社，2007.

[8]　谷德近. 多边环境协定的资金机制[M]. 北京：法律出版社，2008.

[9]　杨兴. 《气候变化框架公约》研究[M]. 北京：中国法制出版社，2007.

[10] 梅凤乔，张建成，杨小玲. 中国履行《斯德哥尔摩公约》面临的资金问题与对策[J]. 环境保护，2007：47-51.

[11] 陈兰，朱留财. 节能减排资金机制探索：全球环境基金的案例分析[C]//中国环境科学学会学术年会优秀论文集，2008：267-269.

[12] Ozone Depletion [EB/OL]. Wikipedia，The Free Encyclopedia，2009. http：//en.wikipedia.org/wiki/Ozone_depletion.

[13] 王庚辰. 大气臭氧层和臭氧洞[M]. 北京：气象出版社，2003.

[14] 田兴军. 生物多样性及其保护生物学[M]. 北京：化学工业出版社，2005.

[15] Biodiversity [EB/OL]. United Nations Environment Programme，environment for development，2009. http：//www.unep.org/themes/biodiversity/.

[16] Climate change [EB/OL]. Wikipedia，The Free Encyclopedia，2009. http：//en.wikipedia.org/wiki/Climate_change.

[17] Intergovernmental Panel on Climate Change. An Assessment of the Intergovernmental Panel on Climate Change [R]. Geneva：IPCC，2007.

[18] 余刚. 持久性有机污染物：新的全球性环境问题[M]. 北京：科学出版社，2005.

[19] Persistent organic pollutant [EB/OL]. Wikipedia，The Free Encyclopedia，2009. http：//en.wikipedia.org/wiki/Persistent_organic_pollutant.

[20] What is GEF [EB/OL]. Global Environment Facility，2009. http：//www.gefweb.org/interior_right.aspx？id=50#GEF%20Funding.

[21] GEF's Organizational Sturcture [EB/OL]. Global Environment Facility，2009. http：//www.gefweb.org/interior_right.aspx？id=38.

[22] GEF Council. Focal Area Strategies and Strategic Programming for GEF-4 [R]. 2007：1-6，9-37，64-75.

[23] Operational Strategy of the GEF [EB/OL]. Global Environmental Facility，2009. http：//www.gefweb.org/uploadedFiles/Policies/operational_strategy/GEF-Operational-Strategy.pdf.

[24] The GEF Project Cycle [EB/OL]. Global Environmental Facility，2009. http：//www.gefweb.org/interior_right.aspx？id=90.

[25] Global Environmental Facility. Investing in Our Planet：GEF Annual Report 2006-07 [R]. 2008.

[26] Conference of the Parties，Final Meeting Report [EB/OL]. Convention on Biological Diversity，2009. http：//www.cbd.int/convention/cop/meeting-reports.shtml.

[27] 全球环境基金，提交生物多样性公约缔约方大会第五届会议报告[R]. 1999.

[28] Decisions of the COP and the COP/CMP [EB/OL]. UNFCCC，2009. http：//unfccc.int/documentation/decisions/items/3597.php.

[29] GEF Evaluation Office. Third Overall Performance Study of GEF [R]. 2005.

[30] GEF Evaluation Office. GEF Annual Performance Report 2007 [R]. 2008.

[31] UNFCCC. Investment and Financial Flows to Address Climate Change [R]. 2007.

[32] Institutional Arrangement [EB/OL]. Multilateral Fund for the Implementation of the Montreal Protocol，2009. http：//www.multilateralfund.org/institutional_arrangements.htm.

[33] The Multilateral Fund Secretariat. Policies，Procedures，Guidelines and Criteria [R]. UNEP，2008.

[34] The Multilateral Fund Secretariat. Creating a Real Change for the Environment [R]. 2007.

[35] The Multilateral Fund Secretariat. Phase-Out Plans and Projects [R]. UNEP，2008.

[36] 蒙特利尔多边基金. 2009—2011 年财务规划[R]. 2009.

[37] 行业淘汰[EB/OL]. 中国保护臭氧层行动，2009. http：//www.ozone.org.cn/hytt/.

[38] 《中国环境年鉴》编辑委员会. 中国环境年鉴 1993—2007[J]. 北京：中国环境年鉴出版社，1993—2007[2009].

[39] The GEF project database [EB/OL]. Global Environment Facility，2009. http：//gefonline.org/home.cfm

[40] 国家环境保护总局. 中国臭氧层保护政策法规[R]. 2003.

[41] 国家环境保护总局. 中国逐步淘汰消耗臭氧层物质国家方案[R]. 2009.

[42] 自然保护区发展历程[EB/OL]. 中国履行《生物多样性》办公室，中国国家生物多样性信息交换所. http：//www.biodiv.gov.cn/zrbhq/200403/t20040302_88653.htm.

[43] 国家环境保护总局. 中国履行《生物多样性公约》第三次国家报告[R]. 北京：中国环境科学出版社，2005.

[44] 《中国生物多样性国情研究报告》编写组. 中国生物多样性国情研究报告[R]. 北京：中国环境科学出版社，1998.

[45] 《中国生物多样性保护行动计划》总报告编写组. 中国生物多样性保护行动计划[R]. 北京：中国环境科学出版社，1994.

[46] 国家林业局. 全国野生动植物保护及自然保护区建设工程总体规划 2001—2050[R]. 2001.

[47] 政策法规. 国际合作[EB/OL]. 中国气候变化信息网，2009. http：//www.ccchina.gov.cn/cn/index.asp.

[48] CDM 项目数据库[EB/OL]. 中国清洁发展机制网，2009. http：//cdm.ccchina.gov.cn/web/index.asp.

[49] 清洁发展机制在全球范围及我国的进展概述[N]. 中国财经报，2009.

[50] World Bank Media Workshop，State and Trends of the Carbon Market 2007 [R]. 2007.

[51] 气候变化初始国家信息通报编写组. 中华人民共和国气候变化初始国家信息通报[R]. 北京：中国计划出版社，2004.

[52] 气候变化国家评估报告编写委员会. 气候变化国家评估报告[R]. 北京：科学出版社，2007.

[53] 中华人民共和国国务院新闻办公室. 中国应对气候变化的政策与行动[R]. 2008.

[54] 中国国家发展和改革委员会. 中国应对气候变化国家方案[R]. 2007.

[55] 科学技术部，等. 中国应对气候变化科技专项行动[R]. 2007.

[56] 中国 POPs 履约行动[EB/OL]. 2009. http：//www.china-pops.org/.

[57] 中华人民共和国履行《关于持久性有机污染物的斯德哥尔摩公约》国家实施计划[R]. 2007.

[58] 郭晨星. 全球环境基金与中国[J]. 南京林业大学学报（人文社会科学版），2008，8（2）：71-74.

[59] 国家环境保护总局. 国家环境保护"十一五"规划[R]. 2007.

[60] 国家发展改革委发展规划司. "十一五"规划实施进展情况、面临的主要问题和应对措施[J]. 宏观经济管理，2009：25-28.

[61] 江冬梅，张孟衡. 中国适应气候变化的国家资金机制[J]. 世界环境，2004：72-74.

[62] Gisela Stolpe，Overview of Financial Instruments for Nature Conservation [C]//Birgit Heinze，Gernot Baurle，Gisela Stolpe，Financial Instruments for Nature Conservation in Central and Eastern Europe，2001：33-39.

[63] 国家林业局. 全国野生动植物保护及自然保护区工程建设工程总体规划[R]. 2001.

[64] 国务院. 中华人民共和国国民经济和社会发展第十二个五年规划纲要[R]. 2011.

[65] 兴业银行，兴业银行 2009 年年度社会责任报告[R]. 2010.

[66] 国际金融公司，中国能效融资项目. http：//www.ifc.org/wps/wcm/connect/RegProjects_Ext_Content/IFC_External_Corporate_Site/HomeCH/.